工业设计系列培训教程

Cinema 4D 自学宝典

长沙卓尔谟教育科技有限公司　沈应龙　王乐明　编著

机 械 工 业 出 版 社

本书是由长沙卓尔谟教育科技有限公司编写的一部以 Cinema 4D（C4D）建模与渲染教学为核心的综合性教材。书中讲解了 Cinema 4D R24 的基础界面和工作流程，并深入浅出地讲解了从建模到渲染的完整思路，能让读者在演练一系列教学案例的同时，循序渐进地增强独立分析及构建各类产品模型和表现渲染的能力。本书主要内容包括 Cinema 4D 简介与行业应用、Cinema 4D 基础知识与工作流程、实用技能与案例实践、渲染强化。本书配有基础入门视频和渲染基础视频，请扫描“前言”中的二维码获取。

本书适合零基础的学习者使用，也可作为高等院校工业设计专业的教材和培训机构的培训教学用书。

图书在版编目（CIP）数据

Cinema 4D自学宝典 / 长沙卓尔谟教育科技有限公司，沈应龙，王乐明编著. —北京：机械工业出版社，2023.11

工业设计系列培训教程

ISBN 978-7-111-74018-6

Ⅰ.①C… Ⅱ.①长… ②沈… ③王… Ⅲ.①三维动画软件－教材 Ⅳ.①TP391.414

中国国家版本馆CIP数据核字（2023）第190129号

机械工业出版社（北京市百万庄大街22号 邮政编码100037）

策划编辑：陈玉芝 张雁茹 责任编辑：陈玉芝 张雁茹 高凤春

责任校对：龚思文 张 征 封面设计：张 静

责任印制：张 博

北京华联印刷有限公司印刷

2023年12月第1版第1次印刷

184mm×260mm · 10印张 · 192千字

标准书号：ISBN 978-7-111-74018-6

定价：55.00元

电话服务

客服电话：010－88361066

010－88379833

010－68326294

网络服务

机 工 官 网：www.cmpbook.com

机 工 官 博：weibo.com/cmp1952

金 书 网：www.golden-book.com

机工教育服务网：www.cmpedu.com

前 言

Cinema 4D 软件具有操作人性化，学习简单、高效的特点，已逐渐成为电商设计师和平面设计师必须掌握的软件之一。长沙卓尔谟教育科技有限公司（以下简称卓尔谟）以浅显易学的教学内容、生动活泼的教学方式，遵循让设计变得简单的理念，获得了广大学生的好评和赞誉。卓尔谟通过各大企业项目制作的长期积累，将 Cinema 4D 在平面设计领域中的使用技巧和培训心得做了总结，将设计的工作项目和培训过程中的反馈进行汇总，精心挑选出多个具有使用价值的案例作为本书的主要内容。希望通过阅读本书，让第一次接触 Cinema 4D 的读者能真正学会运用软件创作出属于自己的作品。

本书具有以下特点：

1）不做单纯的“帮助”文档翻译，本书中的所有重要命令都结合实际案例进行讲解，让读者能真正掌握每个命令的具体作用和使用技巧。

2）不做单纯的案例教学，通过案例前的设计思路分析和案例中各个步骤的详细讲解，使读者知其然并知其所以然，在学习后举一反三，创作出不一样的作品。

3）配套教学视频详细记录了整个案例的操作过程，通过将教学视频与图书结合，让读者学习起来更加轻松、高效。对于初学者，建议先观看学习基础入门视频。

4）设置了读者群（QQ：819462003），读者可以和学习本书的其他网友共同讨论交流。同时，编著者也会在群里为大家解答在学习过程中遇到的难题，并会不断地为读者带来更加优秀的学习内容和设计作品。

衷心希望本书能为读者带来良好的学习内容和学习体验，让刚接触 Cinema 4D 的读者能够快速入门，掌握使用 Cinema 4D 制作作品的流程和方法，同时也希望能给对 Cinema 4D 有一定了解、想系统深入学习的设计师带来更多的参考和启发。希望读者能把本书当作一个参考，而不是一个标准答案，制作出更多优秀的作品。

由于时间仓促，编著者水平有限，书中难免存在一些不足之处，敬请读者谅解并给予指正。

编著者

目录

03 实用技能与案例实践

01

Cinema 4D 简介与行业应用

本章主要讲解 Cinema 4D 软件的特点，现在如此流行的原因，和其他三维软件的区别，以及 Cinema 4D 在平面行业中的具体应用。通过一些具体的视觉作品，让读者了解 Cinema 4D 的魅力所在。

1.1 Cinema 4D 简介

Cinema 4D 的字面意思是“4D 电影”，实际上是一款综合性的三维软件，由德国 MAXON Computer 开发。

Cinema 4D 最早被人们所熟知是 9.6 版本，MAXON Computer 开发出了强大的 MoGraph 系统，为设计师们提供了一个全新的维度与方式以完成创作，最先开始在电视视效领域开始流行，因为电视视效通常需要一些几何元素的点阵排列动画，其他软件很难完成，但是 MoGraph 系统可以非常迅速地完成效果。

随着 Cinema 4D 软件版本的不断更新迭代，出现了更多强大的功能与渲染器，比如 Octane 这款重量级的 GPU 渲染器，让渲染变得更加简单高效，且效果好。

Cinema 4D 软件操作的简易性加上 Redshift 渲染器的强大渲染效果，让平面设计师开始关注 Cinema 4D。

众所周知，我国电商和互联网公司发展得非常迅猛，这类公司非常注重视觉设计带来的品牌价值，由此产生了大量平面设计类的需求，对视觉表现的质量要求也在不断提高，众多优秀设计师经过不断尝试，让三维视觉表达成为一个大的门类，而 Cinema 4D 在其中起到了很大的促进作用。图 1-1 所示为几幅优秀的 Cinema 4D 产品表现案例。

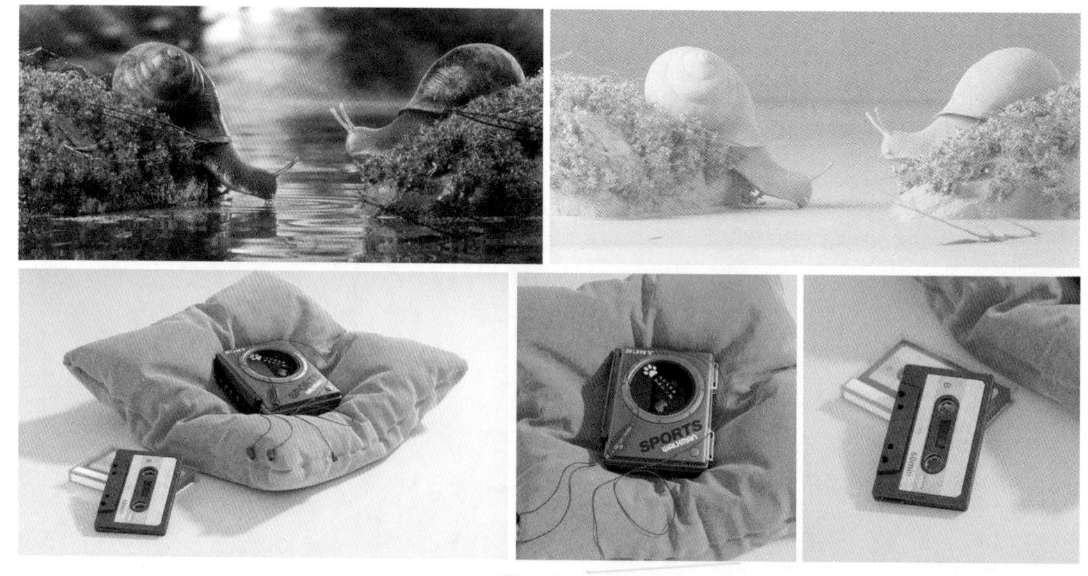

图 1-1

1.2 Cinema 4D 的特点

本节将详细介绍 Cinema 4D 软件的特点，这些特点是 Cinema 4D 相比其他三维软件强大的地方或者说更先进的地方。

1.2.1 简单易学

打开 Cinema 4D 软件后，会发现整个软件界面比较简洁，并不像印象当中的三维软件命令栏充斥视野，让人眼花缭乱，并且几乎所有的功能命令都配有识别度非常高的图标，凭借图标，用户能快速记忆命令所在位置，并且加深对功能的理解。Cinema 4D 还配备非常强大的内容浏览器功能，官方为用户准备了大量预设，可以让用户非常方便地使用其中做好的模型、材质球、效果器工程，提高项目制作速度。

相对于其他同类型三维软件，比如 Max、Maya 等，这些软件可能需要学习半年左右，才能达到一个相对熟练的程度，而 Cinema 4D 这款软件对于稍微有一些三维软件经验的人来说，可能学习一个月左右就能迅速出成果，因为 Cinema 4D 软件的交互是经过高度优化的，用户只需要按照流程操作，就可以做出效果，很多烦琐的操作设置，软件工程师都已经替用户设计好，用户可以将更多的精力花在设计本身上。

1.2.2 功能高效

在 Cinema 4D 这款软件出现之前，做一些抽象动态图形是一件非常困难的事情，通常需要懂一些编程语言，才能制作出复杂的图形演绎动态效果。比如一些常见的融球、晶格效果在之前都是比较复杂的特效。

Cinema 4D 出现之后，大量动态图形效果变得非常简单，因为 Cinema 4D 拥有强大的运动图形模块以及配套的整套效果器系统，并且这套运动图形系统与动力学、毛发、粒子、绑定都互相交互，产生的效果远非一加一等于二这么简单，基本上奠定了 Cinema 4D 在动态图形领域的重要地位。尤其是 R20 版本以及 R21 版本，这两次版本迭代，对运动图形功能又进行了大幅度更新，在其中加入了域的功能，让动态图形在精细控制程度上又更进一步。

1.2.3 渲染快速

Cinema 4D 本身的渲染器功能就非常多，而在这个基础上，又拥有几款非常强大的渲染器插件，如 CPU 渲染器插件和 GPU 渲染器插件。在 CPU 渲染器插件方面，Arnold 是电影级别的渲染器，好莱坞很多电影都使用 Arnold 进行渲染；Corona 则是照片级别的渲染器，渲染焦散效果令人吃惊。在 GPU 渲染器插件方面，Cinema

4D 拥有 Octane、Redshift 这两款重量级的渲染器，目前 Octane 是使用人数最多的 GPU 渲染器，Redshift 在渲染速度及功能上占有比较大的优势。

1.2.4 扩展性强

Cinema 4D 除了拥有强大的渲染器之外，还有很多非常优秀的插件，可以提高工作效率，完成更多有趣好玩的效果。

比如流体软件 Realflow 专门制作了一个插件，可以在 Cinema 4D 中使用 Realflow 的一部分功能，弥补了本身制作水流体功能的不足。

在粒子特效方面拥有 X-particular 插件，完善强化了粒子功能，让 Cinema 4D 特效模块又进了一步。

在烟雾流体方面则有 Fumefx 插件，也是一款电影级别的烟雾流体模拟插件。

在毛发方面拥有 Ornatrix 插件，在电影及游戏制作中经常使用。

可以说，大量常用的插件都纷纷移植到 Cinema 4D 软件中，以它为平台，让更多用户使用。

1.3 Cinema 4D 在平面行业中的应用

在平面设计当中，三维一直是个很少被触及的领域，因为三维软件学习成本非常高，也很少有类似的作品，没有形成一套三维视觉体系。

直到 Cinema 4D 逐渐被平面设计师们发现并使用，经过几年的发展，涌现出了大量优秀的作品。这些优秀作品广泛分布在平面设计的各个领域中，如电商设计、工业设计、视觉 UI 设计、角色 IP 设计、视觉海报设计、网页设计等。就目前招聘信息来看，熟练使用 Cinema 4D 已经成为必备技能。

1.3.1 海报

以往在海报当中加入三维元素，或者纯粹用三维软件进行视觉表达时，会比较困难，因为在平面软件中很难将三维透视关系、光影变化表现得非常出色，这是技术上的限制。而现在，三维视觉海报可以快速制作，其相对于插画或者照片会有不一样的感觉，因为传统的海报大部分都是平面图像或者照片在 Photoshop 当中进行绘制。三维视觉海报示例如图 1-2~ 图 1-4 所示，图 1-2 是电子海报，图 1-3 是服装海报，图 1-4 是耳机海报。

图 1-2

图 1-3

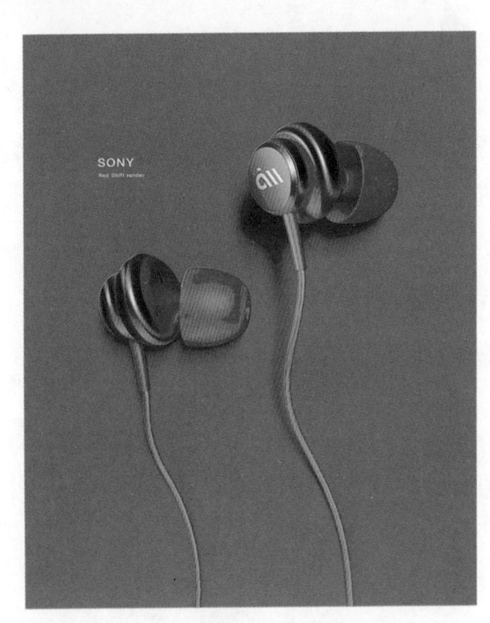

图 1-4

1.3.2 电商

电商对于视觉的需求非常大，因为好的视觉设计可以增强品牌的影响力，让人们对品牌印象更深。化妆品、3C 数码、玩具等产品类目在很多时候都需要三维技术的辅助进行视觉表现，而这在过去是非常困难的一件事情，因为在平面软件当中很难做到细腻的光影效果。使用 Cinema 4D 进行制作，会让想象力突破技术的桎梏，制作出更加丰富的设计内容，如图 1-5、图 1-6 所示。

图 1-5

图 1-6

1.3.3 网页

各大品牌的网站也使用了大量风格化三维作品，三维视觉表现变得多样化，让网站更加前卫、时尚，如图 1-7、图 1-8 所示。

图 1-7

图 1-8

1.3.4 角色

角色类在平面软件中完全依靠插画师去画，虽然可以达到很好的效果，但是存在一个问题，就是无法改变角度，一次只能画一张图，这带来了非常大的劳动量，而三维软件可以辅助角色 IP 的创建，节省大量工作时间。图 1-9、图 1-10 是角色的不同姿态，图 1-11、图 1-12 则是角色与布料效果结合，给角色穿上比较写实的衣服，增加趣味性。

图 1-9

图 1-10

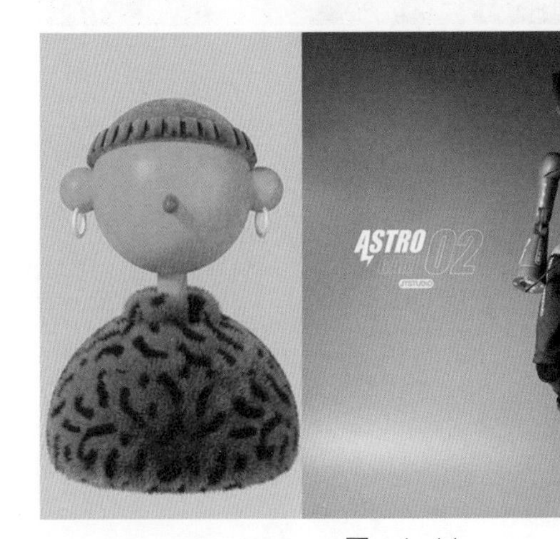

图 1-11

图 1-12

1.3.5 视觉创意

通过大量设计师的不断创作，很多设计师开始使用 Cinema 4D 创作视觉创意类效果图，有些已经应用到实际项目当中，有些倾向于视觉艺术的探索。这类视觉创意往往想象力惊人，把现实中存在与不存在的元素进行组合，比如翅膀、烟雾、城堡、机械、宇宙飞船等元素。图 1-13~ 图 1-18 所示为视觉创意示例。

通过上述讲解与图片展示，相信各位读者对 Cinema 4D 是一个什么样的软件，以及学习 Cinema 4D 能够做什么样的内容有了一个初步的了解，接下来就正式进入 Cinema 4D 的学习中吧。

图 1-13

图 1-14

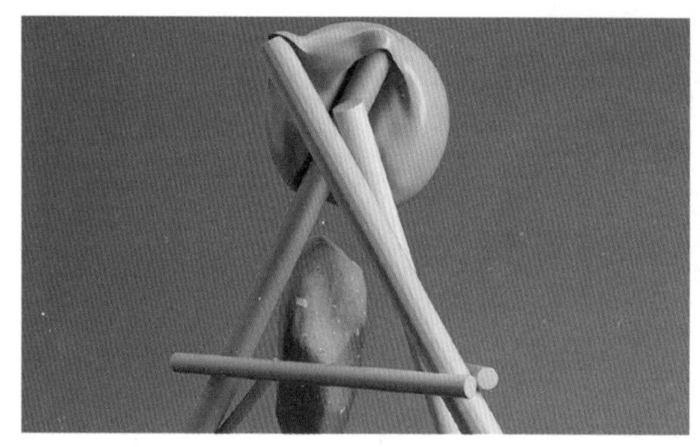

图 1-15

图 1-16

图 1-17

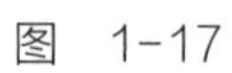

图 1-18

02

Cinema 4D 基础知识与工作流程

本章主要讲解 Cinema 4D 的基础知识和工作流程。通过对本章的学习，读者可以掌握 Cinema 4D 软件的大框架、基础操作，也可以了解 Cinema 4D 的工作流程。

2.1 Cinema 4D 的工作界面与初始设置

Cinema 4D 的工作界面包含 10 个部分，如图 2-1 所示。

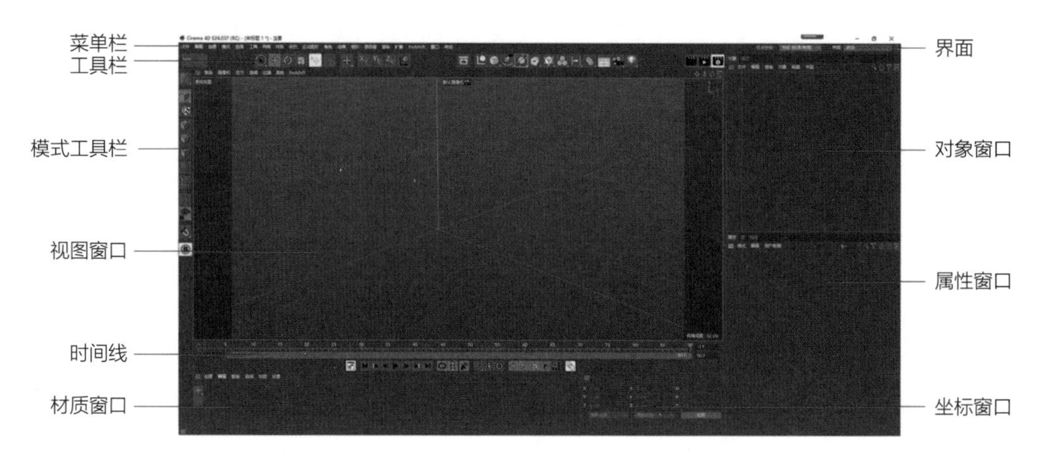

图 2-1

2.1.1 菜单栏

Cinema 4D 的菜单栏与 Photoshop 和 Illustrator 的菜单栏相似，几乎所有的命令都可以在菜单栏中找到。菜单栏的上面是 Cinema 4D 软件的版本号（如 Cinema 4D S24.037）和工程文件的名称（如未标题 1），如图 2-2 所示。

图 2-2

2.1.2 工具栏

Cinema 4D 的工具栏集成了一些常用的工具与命令，如移动、旋转、摄像机和灯光等，如图 2-3 所示。

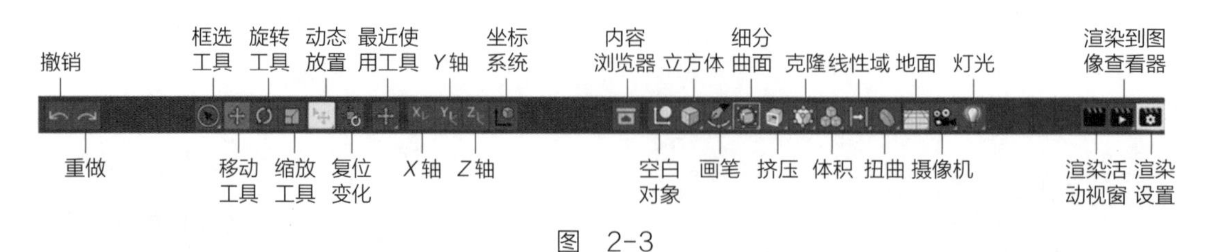

图 2-3

重要参数介绍：

撤销：进行撤销操作。

重做：进行重做操作。

框选工具：用于选择对象，单击会弹出下拉菜单。

移动工具：对物体进行移动。

旋转工具：对物体进行旋转。

缩放工具：对物体进行缩放。

动态放置：可以更方便地放置物体。

复位变化：使物体恢复到最初位置。

最近使用工具：默认显示正在使用的工具或命令物体。

X 轴：对 *X* 轴进行锁定、解锁（通常默认无须操作）。

Y 轴：对 *Y* 轴进行锁定、解锁（通常默认无须操作）。

Z 轴：对 *Z* 轴进行锁定、解锁（通常默认无须操作）。

坐标系统：切换世界与局部坐标系统。

内容浏览器：放置常用模型贴图等图库，单击会弹出下拉菜单。

空白对象：创建空白对象，通常用于动画和建组。

立方体：创建立方体对象，单击会弹出下拉菜单。

画笔：样条的顶点绘制与操作工具，单击会弹出下拉菜单。

细分曲面：增加细分曲面对象，单击会弹出下拉菜单。

挤压：对曲线或曲面增加厚度，单击会弹出下拉菜单。

克隆：对对象进行克隆复制，单击会弹出下拉菜单。

体积：对对象进行重新塑形，单击会弹出下拉菜单。

线性域：对物件效果进行线性范围选择，域相当于选择区域。

扭曲：增加扭曲对象，单击会弹出下拉菜单。

地面：增加地面对象，单击会弹出下拉菜单。

摄像机：增加摄像机对象，单击会弹出下拉菜单。

灯光：增加灯光对象，单击会弹出下拉菜单。

渲染活动视窗：在选中的视图中进行渲染。

渲染到图像查看器：渲染场景到图像查看器。

渲染设置：打开“渲染设置”面板，设置渲染参数。

2.1.3 模式工具栏

模式工具栏与工具栏相似，在模式工具栏中可以切换模型的点、线和多边形的模式，调整纹理、轴心和捕捉工具等，如图 2-4 所示。读者可以将模式工具栏与工具栏统一理解为一些常用工具和命令的快捷方式的集合。

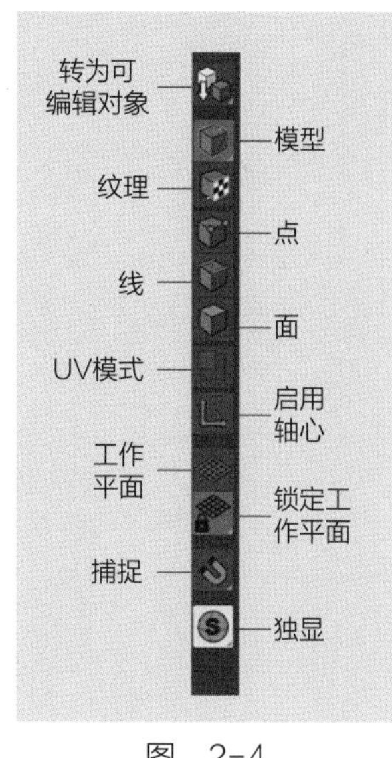

图 2-4

转为可编辑对象：把参数对象转换为可编辑对象。

模型：使用模型模式。

纹理：使用纹理模式。

点：使用点模式。

线：使用线模式。

面：使用面模式。

UV 模式：对 UV 进行编辑。

启用轴心：启用轴心修改。

工作平面：使用工作平面模式（通常默认无须操作）。

锁定工作平面：锁定工作平面（通常默认无须操作）。

捕捉：启用或关闭捕捉工具。

独显：对物体进行单独显示。

提示：将指针移动到命令按钮上不动，就会弹出这个命令按钮的名称、快捷键和功能提示。例如，将指针移动到“细分曲面”按钮上时，就会弹出图 2-5 所示的提示。

图 2-5

2.1.4 视图窗口

视图窗口是编辑与观察模型的主要区域（默认为透视图），如图 2-6 所示。单击鼠标滚轮，即可在单独视图和四视图之间进行切换。

提示：Cinema 4D 视图操作都基于 <Alt> 键。按住 <Alt> 键的同时按鼠标左键可以进行旋转操作；按住 <Alt> 键的同时按鼠标滚轮可以进行移动操作；按住 <Alt> 键的同时按鼠标右键可以进行缩放、远近推拉操作。

2.1.5 对象窗口

对象窗口中会显示场景中所有的对象，也会清晰地显示各对象之间的层级关系。其中包含“对象”和“场次”两个选项卡，“对象”选项卡的使用频率较高，如图 2-7 所示。

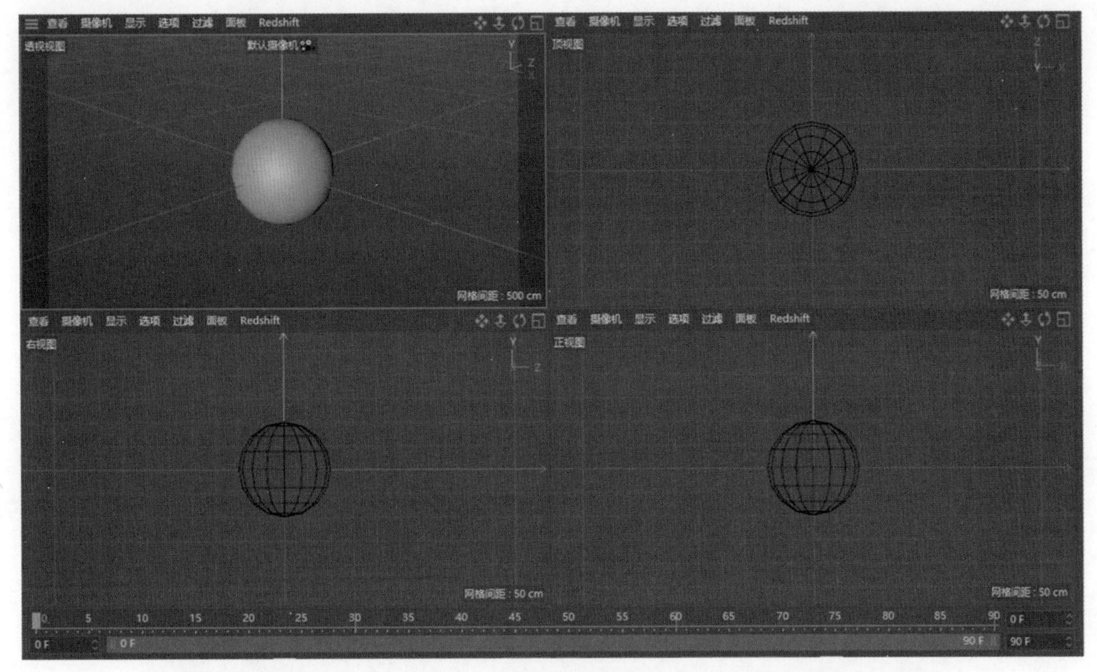

图 2-6

图 2-7

2.1.6 属性窗口

属性窗口可以显示和调整所有对象、工具和命令的参数属性，如图 2-8 所示。其中包含“属性”“层”和“构造”三个选项卡。

图 2-8

2.1.7 时间线

时间线是控制动画相关参数的面板，如图 所示。

图 2-9

重要参数介绍：

场景开始帧：通常都使用 0。

帧范围：显示窗口关键帧的范围，当前为 0~90 帧的范围。

场景结束帧：场景最后的关键帧。

时间曲线窗口：调节动画曲线。

转到开始：跳转到开始帧的位置。

转到上一关键帧：跳转到上一个关键帧。

转到上一帧：跳转到上一帧。

向前播放：正向播放动画。

转到下一帧：跳转到下一帧。

转到下一关键帧：跳转到下一个关键帧。

转到最后：跳转到最后帧的位置。

循环播放模式：循环播放动画，长按弹出下拉菜单。

方案设置：设置回放比率，长按弹出下拉菜单。

播放声音：是否播放动画音频。

记录活动对象：单击按钮后，记录选择对象的关键帧。

自动关键帧：单击按钮后，自动记录选择对象的关键帧。

关键帧选集：设置关键帧选集对象。

位置：控制是否记录对象的位置信息。

旋转：控制是否记录对象的旋转信息。

缩放：控制是否记录对象的缩放信息。

参数：控制是否记录对象的参数层级动画。

点级别动画：控制是否记录对象的点层级动画。

补间工具：辅助调整关键帧。

2.1.8 材质窗口

材质窗口是场景材质球的管理窗口，双击空白区域即可创建材质球，如图 2-10 所示。双击材质球，即可弹出“材质编辑器”面板，在此窗口中可以调节材质的各种属性，如图 2-11 所示。

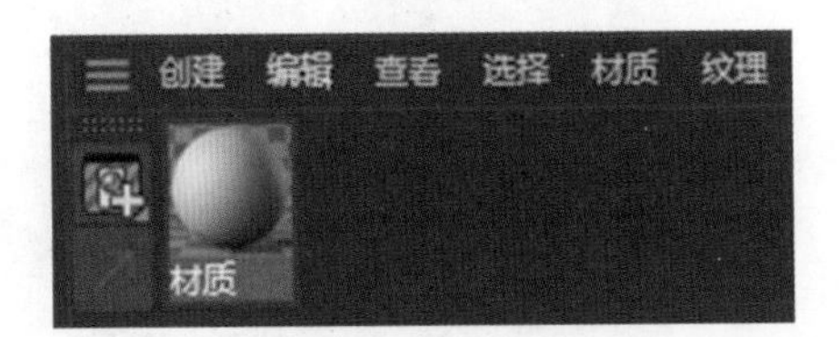

图 2-10

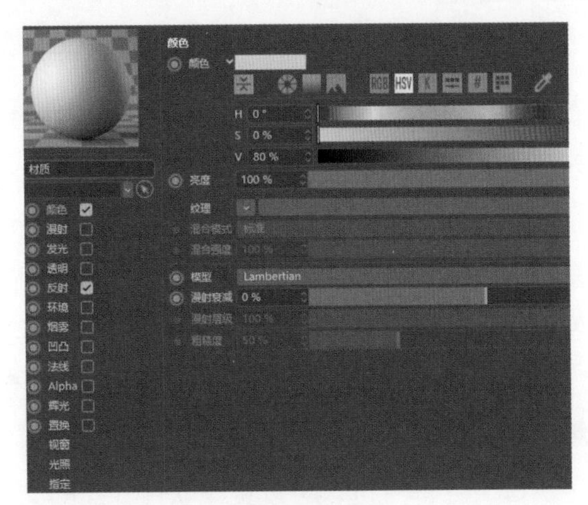

图 2-11

2.1.9 坐标窗口

坐标窗口用于调节物体在三维空间的坐标，如图 2-12 所示。

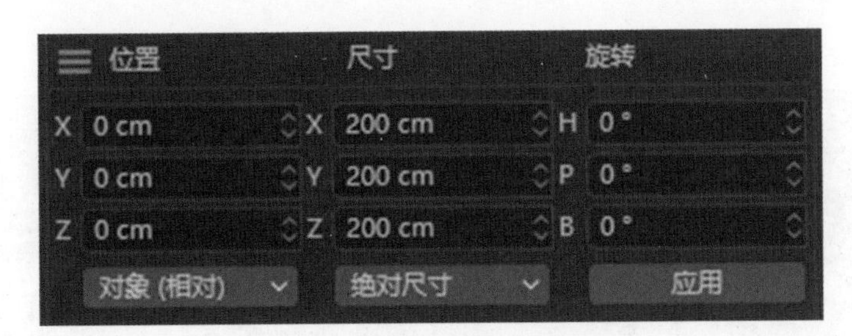

图 2-12

2.1.10 界面

软件工作界面的右上角有一个“界面”选项，如果不小心打乱 Cinema 4D 的界面，选择 Standard（标准）选项即可恢复到默认界面，如图 2-13 所示。

图 2-13

技术专题 Cinema4D 的初始设置

为软件设定一个默认的初始设置，可以方便工作。单击“编辑”菜单找到“设置”选项，如图 2-14 所示。

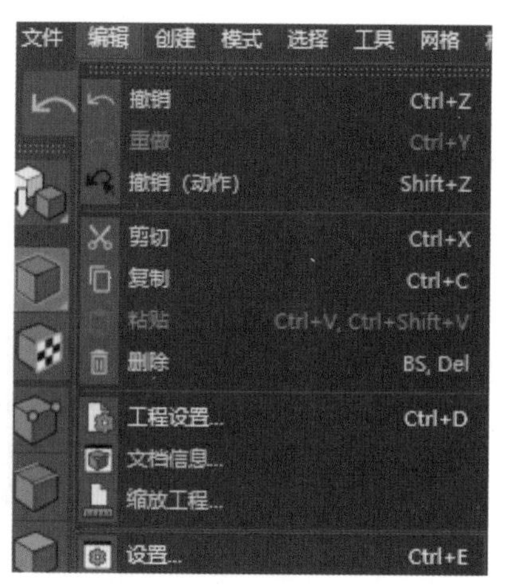

图 2-14

在“用户界面”选项中（见图 2-15），可以切换软件的界面语言（如果此选项是空的，说明在安装时没有选择语言包的选项，重新安装语言包即可）。

“高亮特性”在这里选择“S24”选项，新增功能将显示为黄色。

“GUI 字体”选项可以更改软件界面的文字，一般使用默认即可。

展开“GUI 字体”后面的三角形按钮后，可以设置软件界面的字体和字号的大小，一般设置为 11~16。所有设置在下一次打开软件时生效。

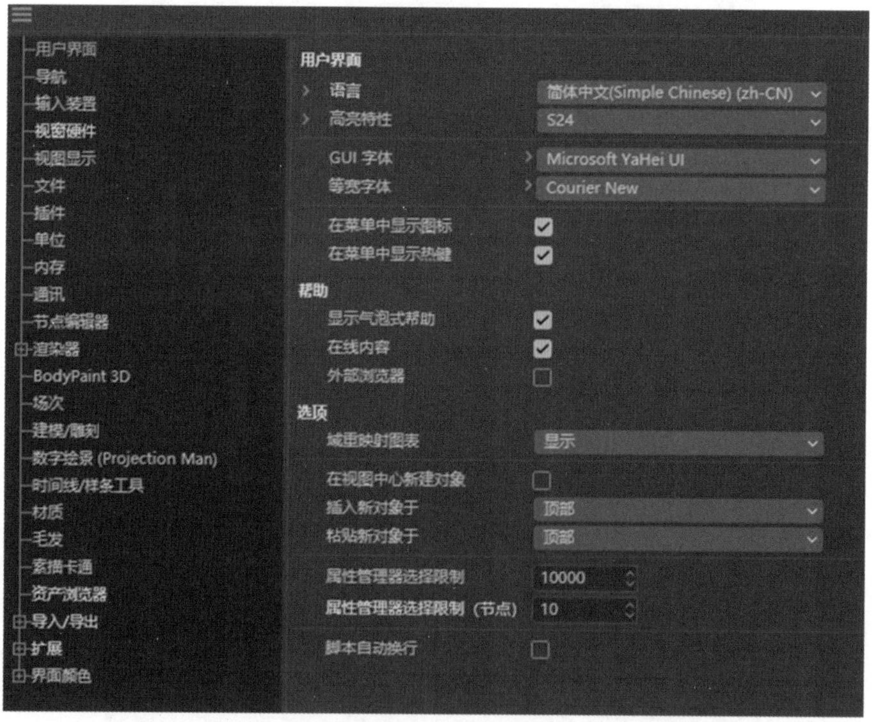

图 2-15

“自动保存”用于设置工程文件多长时间自行保存一次，以防断电或软件卡死等造成文件丢失，如图 2-16 所示。编著者强烈建议大家养成手动保存的习惯。

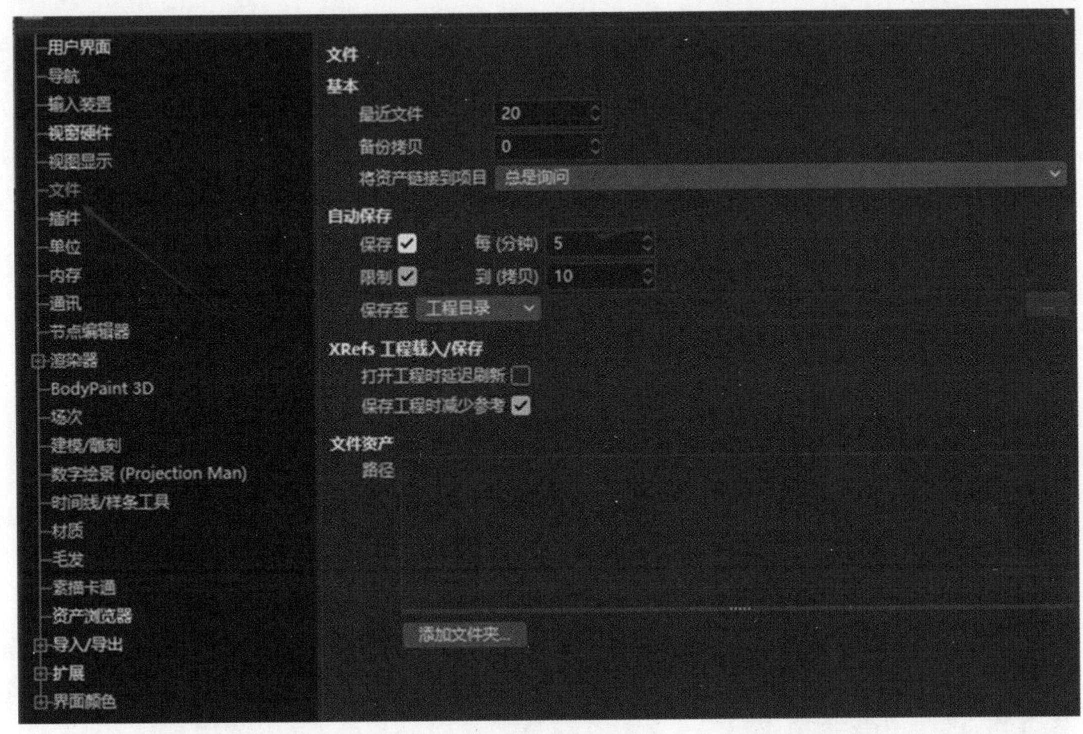

图 2-16

“资产浏览器”是指从官方资产库下载的模型、灯光、贴图、材质等资产文件调用的下载位置路径，如图 2-17 所示。

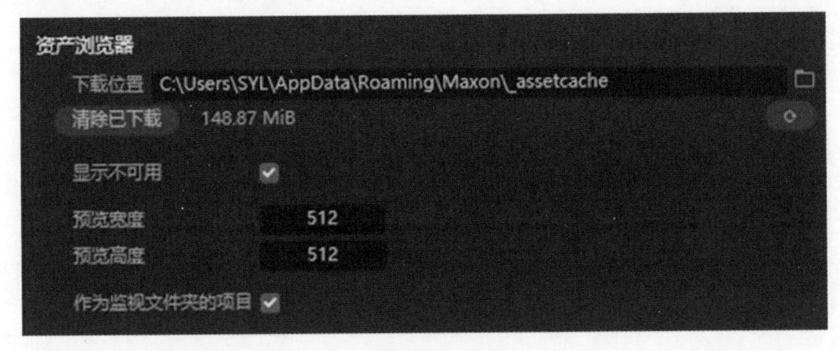

图 2-17

2.2 模型与变形器

通过本节的学习，读者能够了解在 Cinema 4D 中创建各式各样的模型的方法。

2.2.1 模型

Cinema 4D 的参数化对象多数为几何体，如图 2-18 所示。所谓参数化对象，是指可以依靠参数调节物体的外形，如立方体。

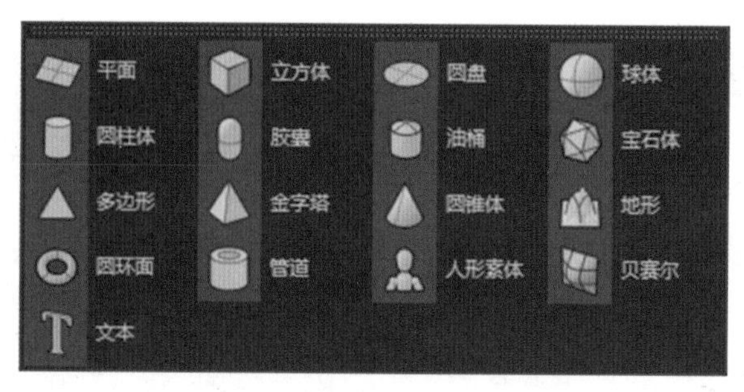

图 2-18

图 2-19 所示是“立方体”的默认形态，在属性窗口中找到相关属性参数即可调节立方体的外形。例如，调节“分段”“圆角”和“圆角半径”的参数，如图 2-20 所示。

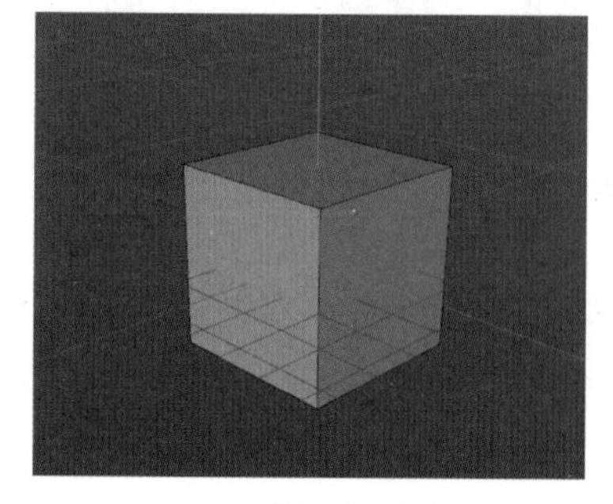

图 2-19

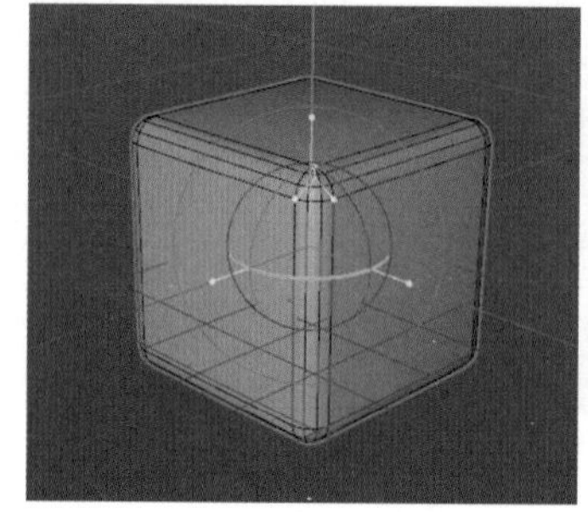

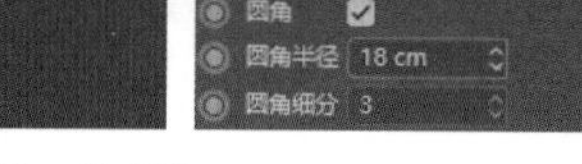

图 2-20

虽然几何体简单，但将它们进行不同的组合，可以创造出许多不同的物体，如图 2-21~ 图 2-23 所示。

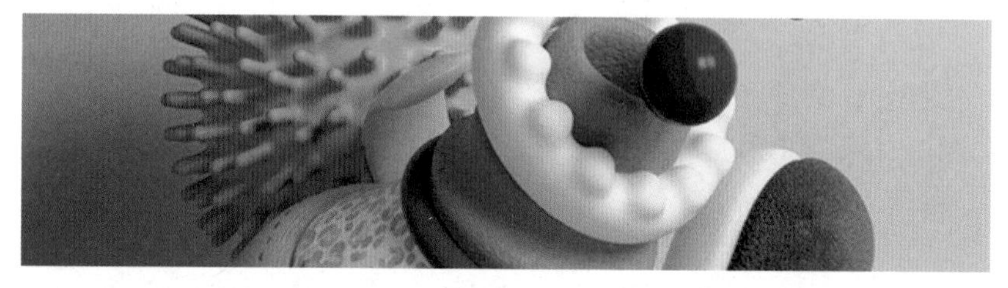

图 2-21

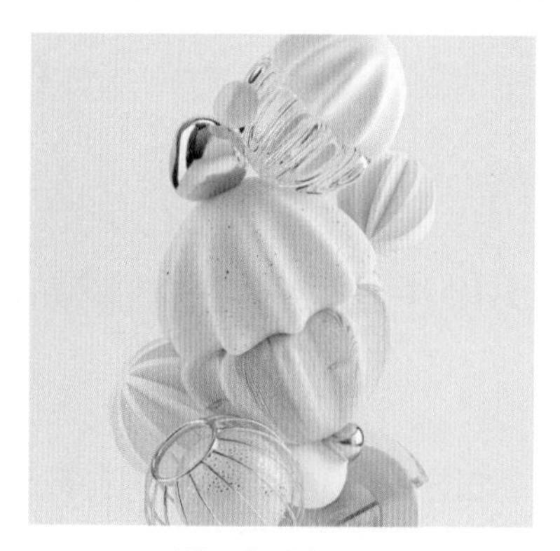

图 2-22

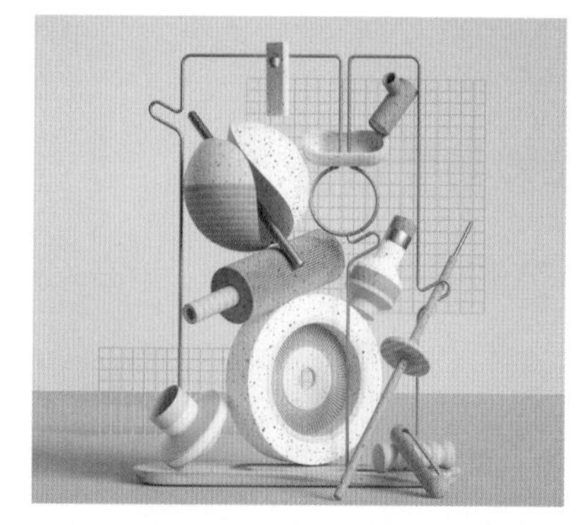

图 2-23

2.2.2 生成器

只依靠几何体及配合它们的参数调节所组成的模型，仍然无法完成许多效果，这就需要加入“生成器”与“变形器”。

“生成器”图标为绿色，一般作为物体的父层级使用，如图 2-24 所示。

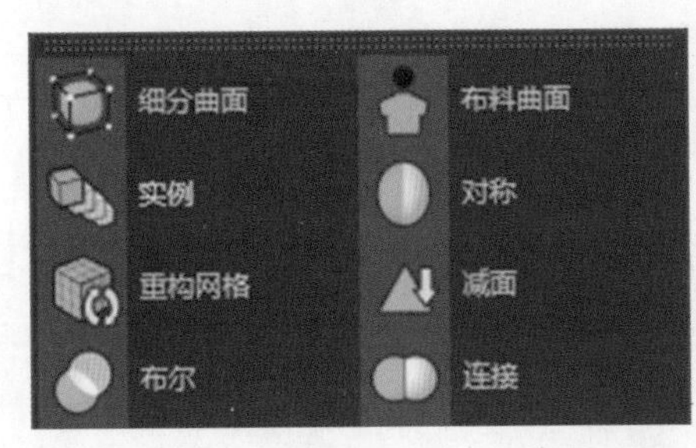

图 2-24

例如，创建一个“阵列”生成器，把刚刚创建的“立方体”作为“阵列”的子层级，将立方体排列成阵列形态，如图 2-25 和图 2-26 所示。

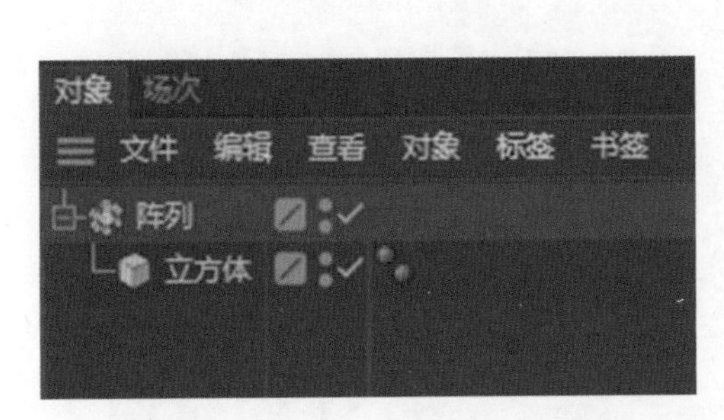

图 2-25

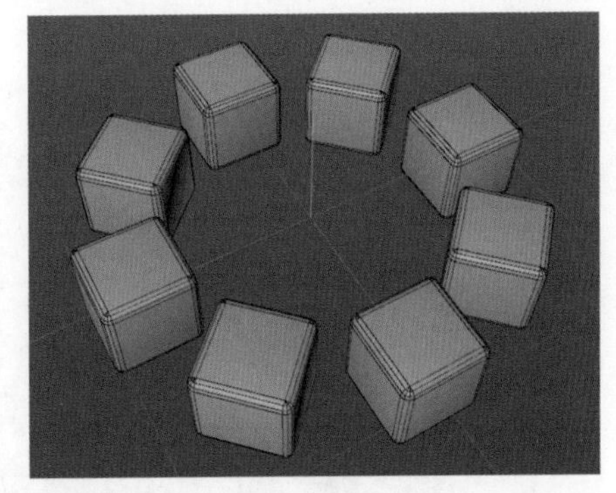

图 2-26

在此阵列形态上，还可以继续创建其他的生成器。例如，再创建一个“晶格”生成器，然后把刚才的整个阵列形态作为“晶格”的子层级，层级关系如图 2-27 所示，效果如图 2-28 所示。

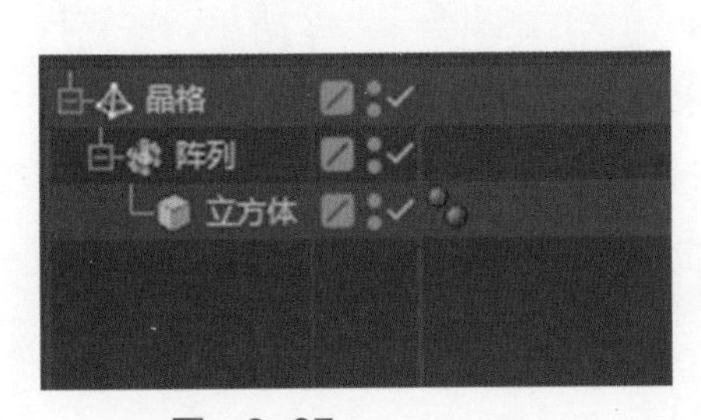

图 2-27

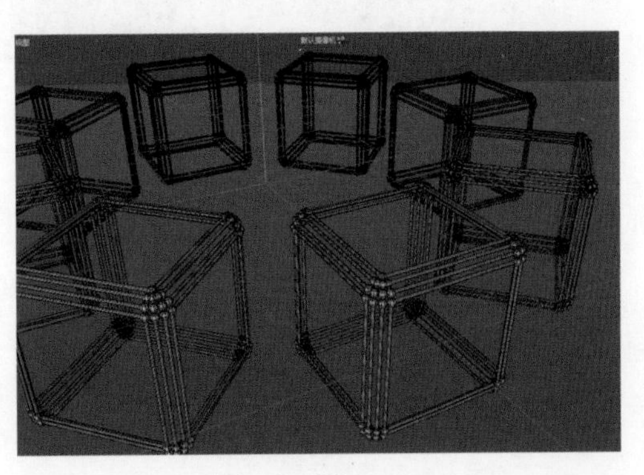

图 2-28

每个生成器都可以设置不同的参数进行调节。例如，把“圆柱半径”与“球体半径”都调节为“1cm”，参数设置及效果如图 2-29 和图 2-30 所示。

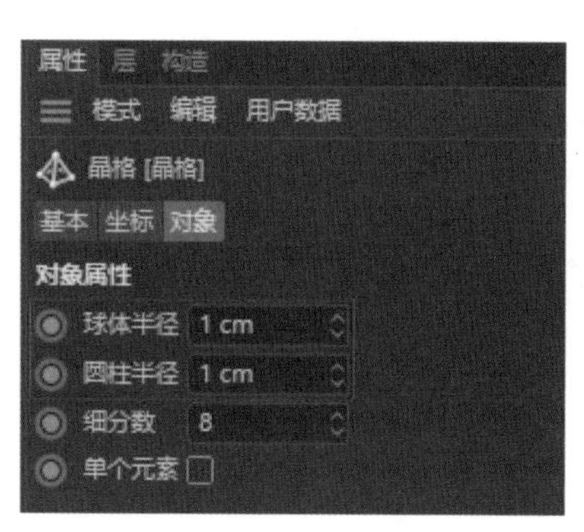

图 2-29

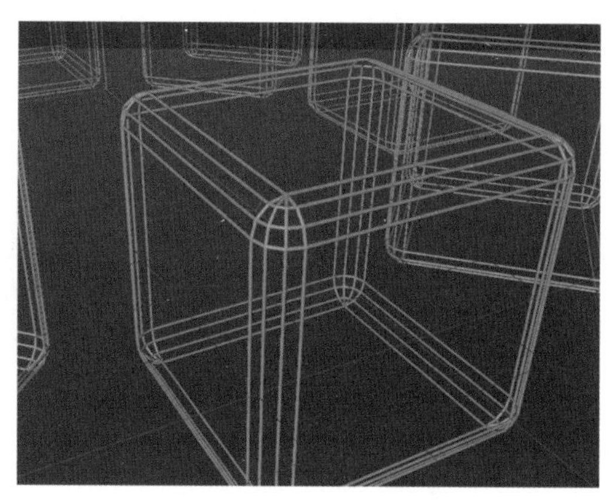

图 2-30

2.2.3 变形器

“变形器”图标通常为蓝紫色，作用于物体的子层级或同层级，如图 2-31 所示。

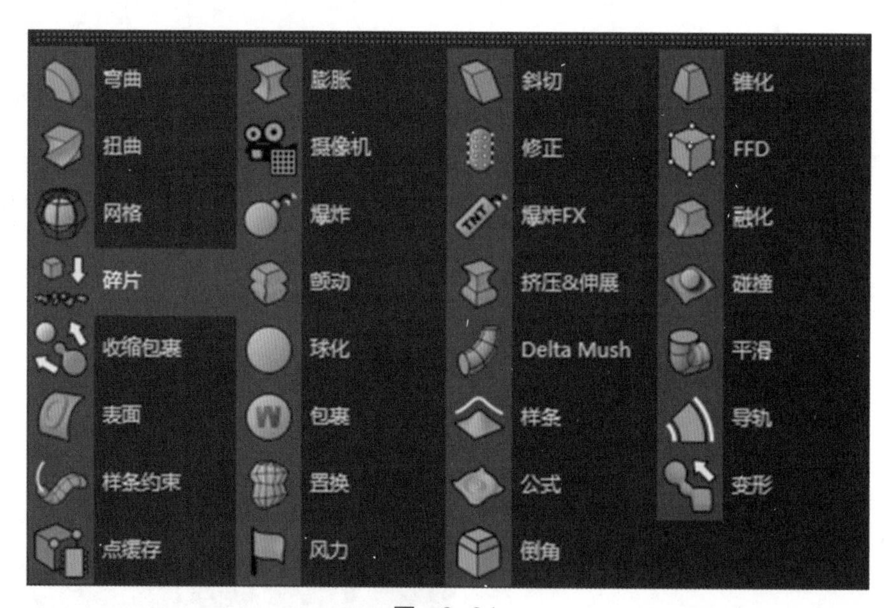

图 2-31

以“圆柱体”为对象，设置“高度分段”为“15”，如图 2-32 所示。要对模型进行形变，模型需要有足够的分段来支持，所以需要为模型增加分段。

选中修改后的圆柱，然后加入“球化”变形器，并把它作为“圆柱体”的子层级，如图 2-33 所示。对球化的“强度”进行调节，此时圆柱就产生球化的效果，如图 2-34 所示。

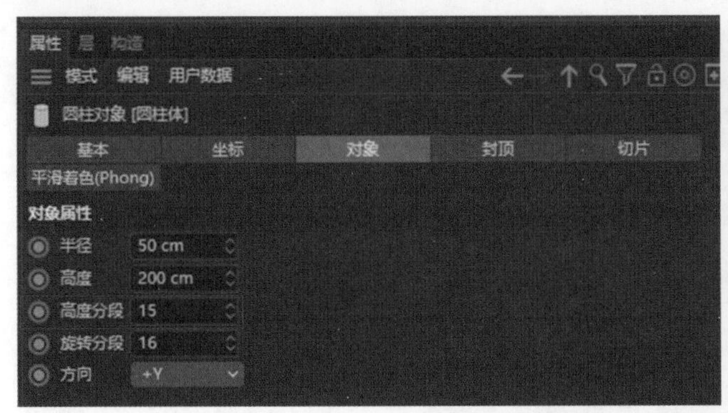

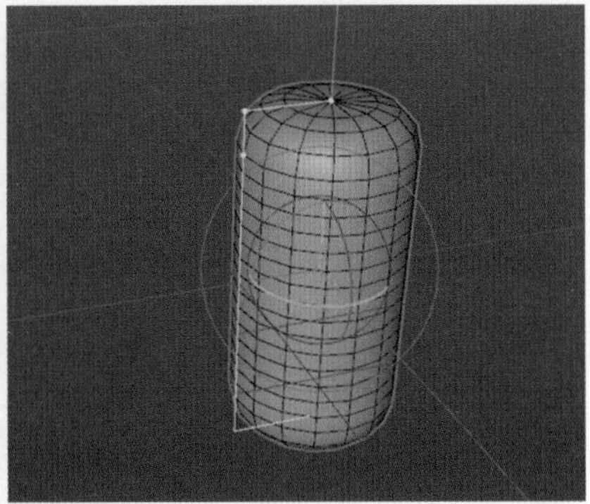

图 2-32

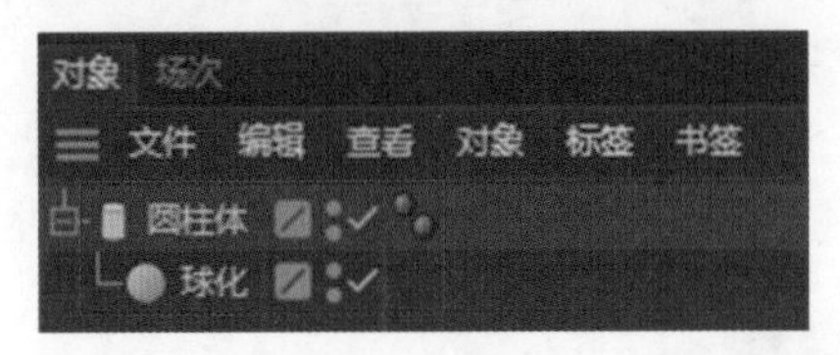

图 2-33

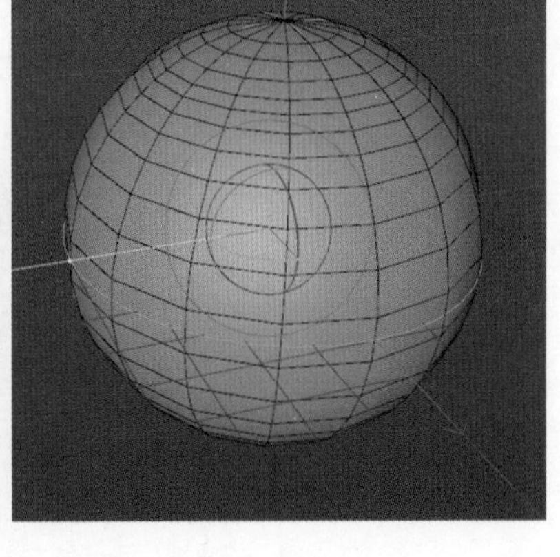

图 2-34

2.3 Redshift 渲染器介绍

Redshift 是世界上第一个完全基于 GPU 加速的有偏差 3D 渲染器。渲染速度提升百倍。核心设计可以有效地渲染非常大的场景的几何和纹理，远远超过可用显存。非常适合动漫、影视特效、广告、建筑设计等行业使用。

Redshift 的渲染质量完全可以满足电影级品质的需要，Redshift 是完全基于 CUDA 通用计算平台的物理渲染器，是世界上第一个基于 GPU 加速、有偏差的渲染器，拥有照片级别的渲染技术，首创性地使用了 Out of Core 技术，很好地解决了因为场景量过大而导致显存耗尽的问题。基于有偏差的算法，使得渲染结算量得到优化，能够保证在物理真实的情况下，更快地进行渲染，可以极大地提高工作效率。该渲染器在影视特效、产品表现、栏目包装中都有广泛的应用。

2.3.1 界面布局

图 2-35 所示是 Redshift 渲染器的使用布局示例，读者也可以自己设定布局。

图 2-35

设置方法如下：

1）在 Cinema 4D 界面窗口，单击“自定义布局”→“自定义命令”，也可以直接使用快捷键 <Shift+F12> 键，如图 2-36 所示。

图 2-36

2）进入下一界面后勾选“编辑图标面板”，把 Redshift Cameras、Redshift Environment、Redshift Lights、Redshift RenderView 拖入 Cinema 4D 的界面，如图 2-37 所示。

图 2-37

3）单击“新建面板”得到一个空白的图标面板，把 New Redshift Material 和 Redshift Materials 拖入空白面板，再拖动空白面板的左侧小圆点放到对应的位置，如图 2-38 所示。

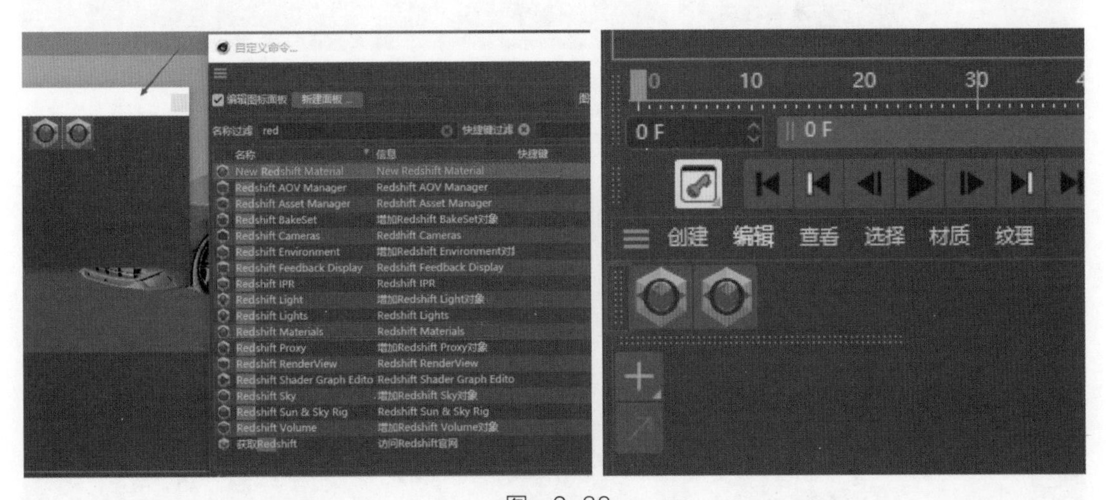

图 2-38

4）保存布局。在 Cinema 4D 界面窗口，单击“自定义布局”→“另存布局为”，如图 2-39 所示，就可以保存新建的布局，下次启动可以在界面找到该布局，如图 2-40 所示。

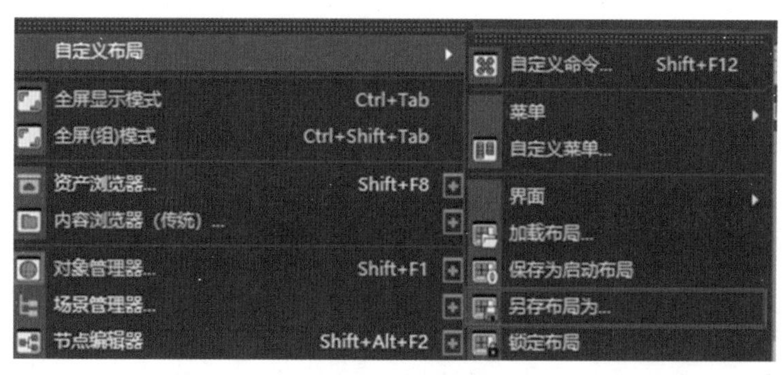

图 2-39

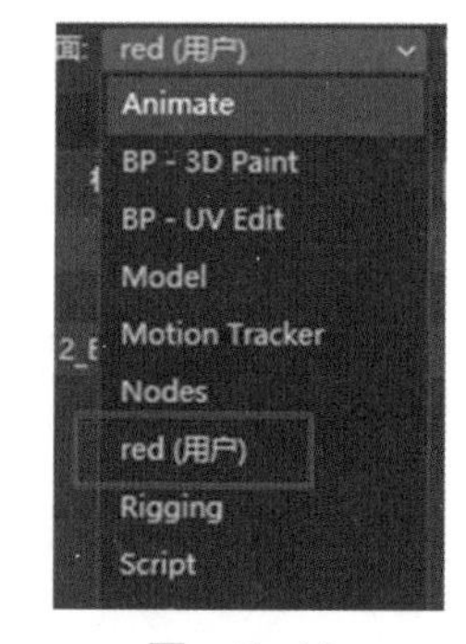

图 2-40

2.3.2 菜单栏

打开 Redshift RenderView 得到 Redshift 的渲染窗口，如图 2-41 所示。

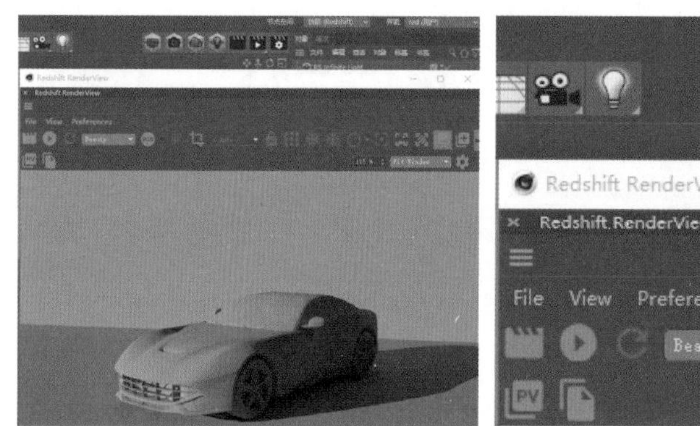

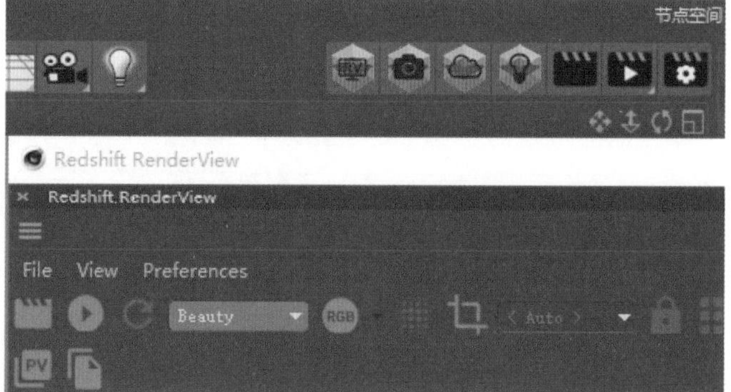

图 2-41

拖动 左上角的按钮可以移动到自己想要的位置，如图 2-42 所示。

图 2-42

渲染窗口顶上部位是 Redshift 渲染器的菜单栏，可以对渲染状态进行调节，如图 2-43 所示。

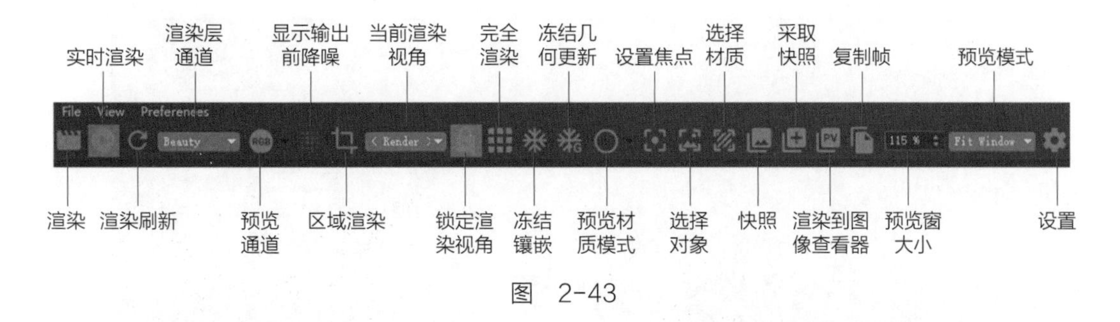

图 2-43

2.3.3 光与影

灯光是做渲染最重要的工具，一张好的渲染图，灯光是第一要素，图 2-44 所示是 Redshift 渲染器的灯光工具，其中最常用的是 Area Ligh（区域光）和 Dome Light（穹灯）工具。

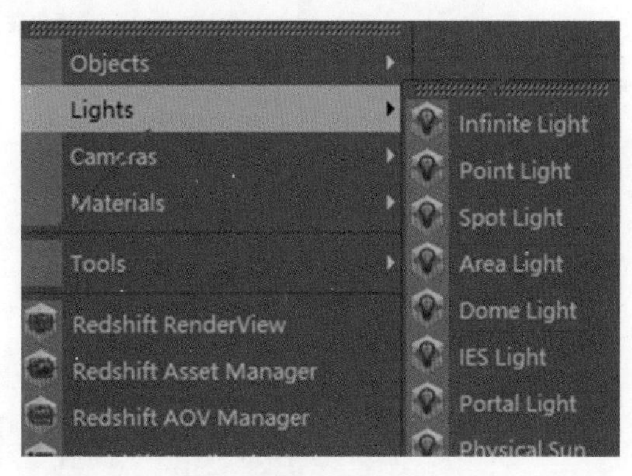

图 2-44

2.3.4 Infinite Light

Infinite Light（无限灯）是指完全覆盖渲染区域，没有衰减，可以通过旋转改变照射方向，如图 2-45 所示。

图 2-45

2.3.5 Infinite Light：General 参数

Redshift 大部分灯光的主要控制区域都在 General（常规）参数中，可以通过更改 Exposure（曝光）和 Intensity Multiplier（强度倍增）的值调整灯光亮度大小，一般选择调整 Exposure，如图 2-46 和图 2-47 所示。

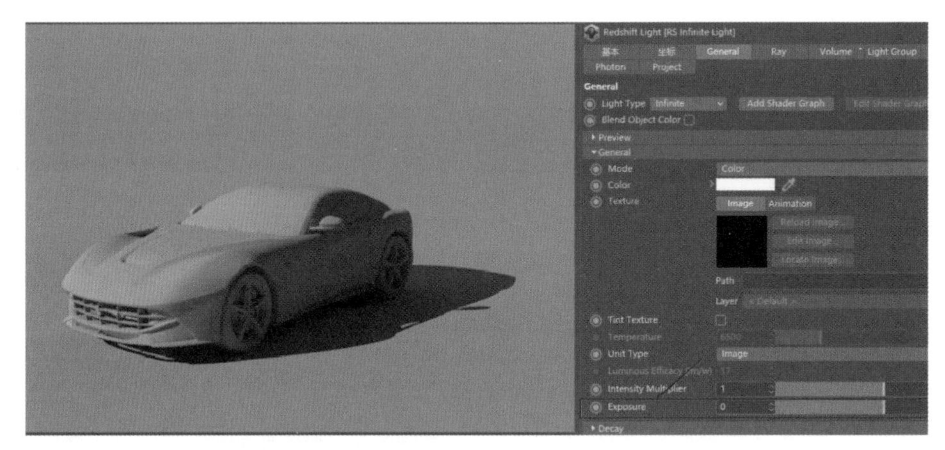

图 2-46

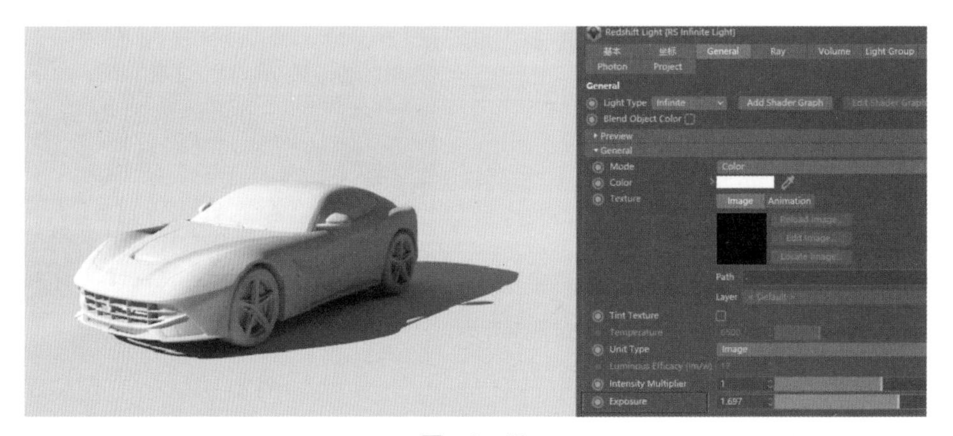

图 2-47

通过 General 里的 Mode 可以选择不同的灯光类型，这里选择 Color，可以通过 Color 控制灯光的颜色，如图 2-48 所示。

图 2-48

通过 General 里的 Dome Map 可以通过贴图形状控制灯光形状，这里选择一张黑白贴图，通过 Path 后面的▭图标导入贴图，Tint 后面的颜色修改成白色，如图 2-49 所示。

图 2-49

2.3.6 Infinite Light：Ray 参数

Ray（光线）参数可以控制灯光对物体产生光线的影响，以及影响程度。例如，对产生 GI 的光线强度进行调整（GI 是指光线在场景中的射线反弹，在产品暗面反映比较明显），当关闭 GI 值时，以 GI 光产生照明的部位会完全暗下去，如图 2-50 所示。其他参数也是一样的效果，读者可以自己尝试。

图 2-50

2.3.7 Infinite Light：Volume 参数

Volume（体积）参数通常是用来模拟大气雾和丁达尔效应的参数，需要和红移环境一起结合使用，如图 2-51 所示，添加红移环境后，通过调节 Contribution Scale（贡献比例，注意参数不要太大，该参数比较敏感）可以调节大气雾的浓度。

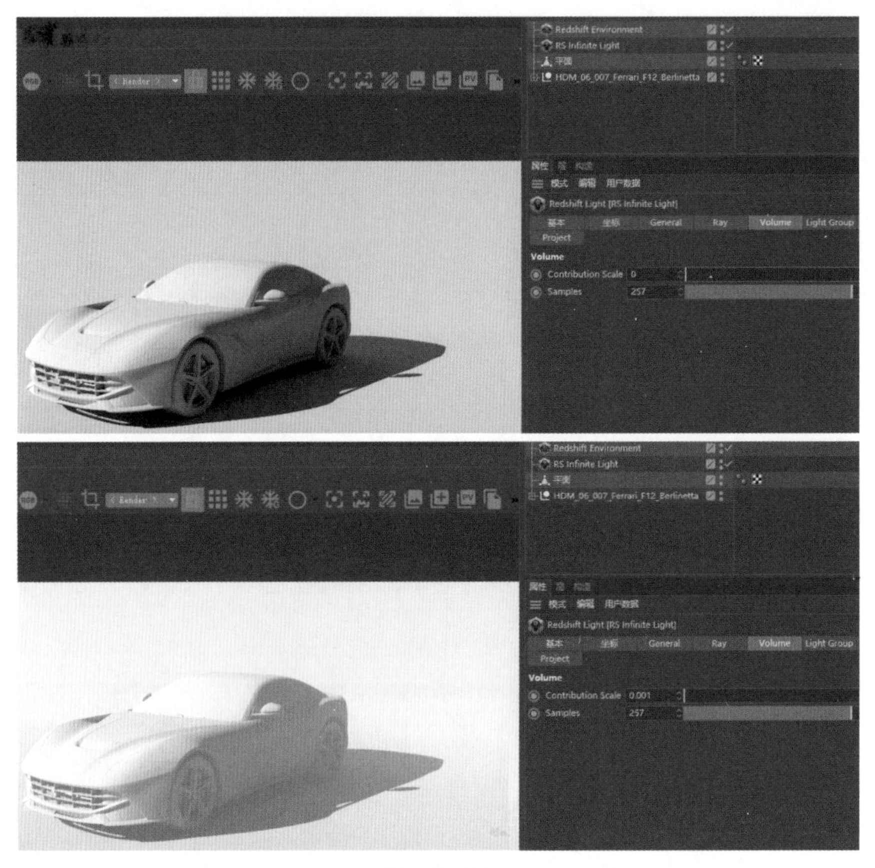

图　2-51

也可以通过控制 Redshift Environment 中的参数，对大气雾进行调节。把图 2-52 作为原型，与其他参数进行比较 Tint 可以控制整体环境的颜色，如图 2-53 所示；

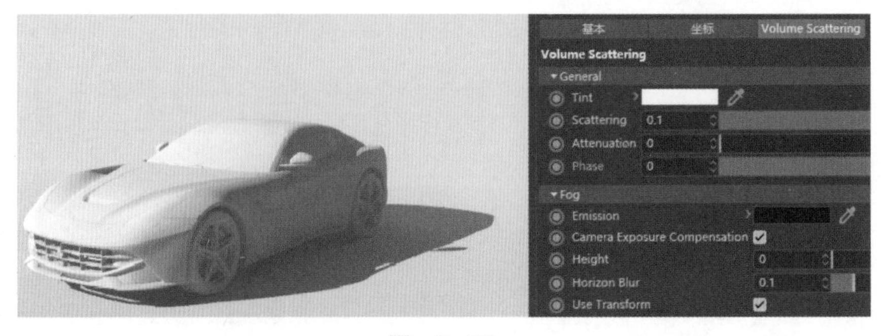

图　2-52

Scattering 可以控制环境的浓度，如图 2-54 所示；Attenuation 控制雾气的衰减，需要和下面的 Fog 结合使用；Phase 控制光线的强度。

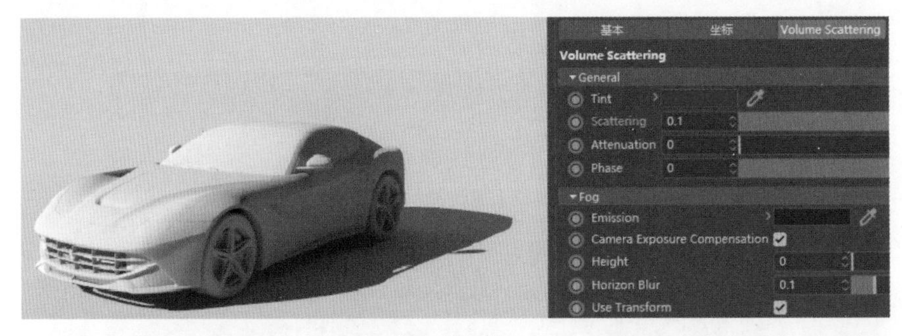

图 2-53

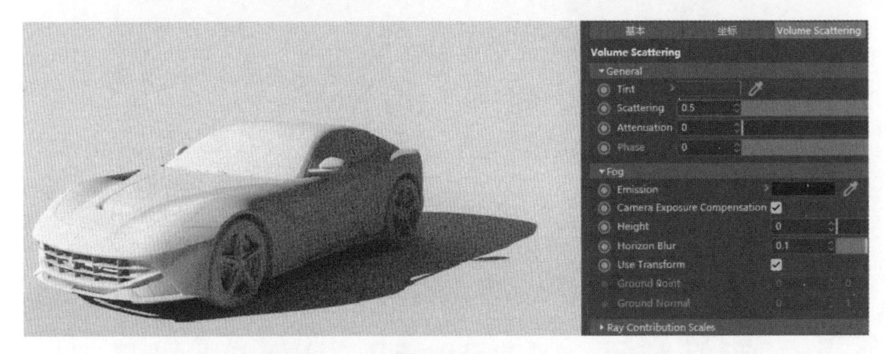

图 2-54

2.3.8 Infinite Light： Light Group 参数

Light Group（灯光组）结合后期通道对灯光进行单独输出和预览。如图 2-55 所示，产品拥有三个灯光，即红色、绿色和紫色。

图 2-55

单击红色灯光添加灯光组，选择 Add New Light Group，在弹出的对话框中进行更名，命名为 001，如图 2-56 所示。用同样的方式给绿色灯光添加灯光组，并命名为 002。

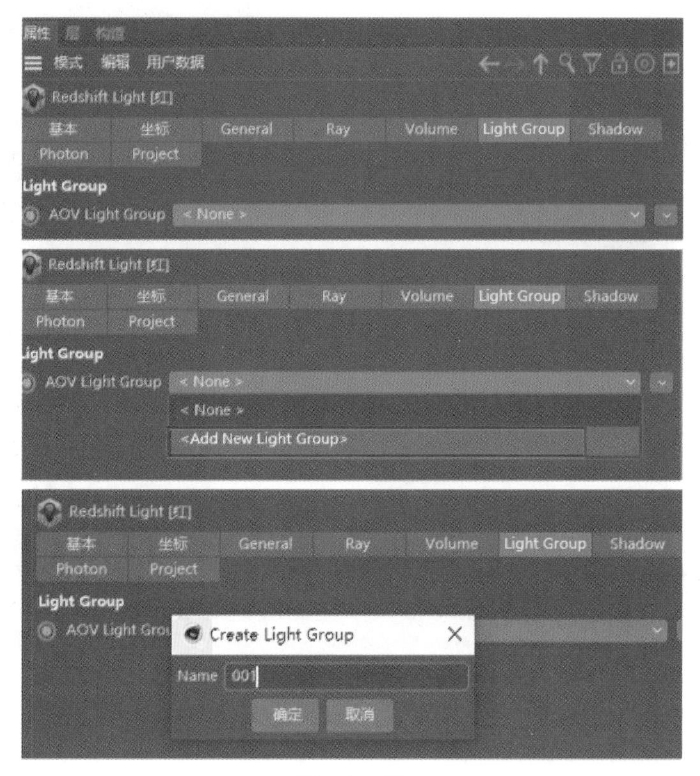

图 2-56

然后选择紫色的灯光，添加灯光组到 002，这样绿色和紫色的灯光为一组，如图 2-57 所示。

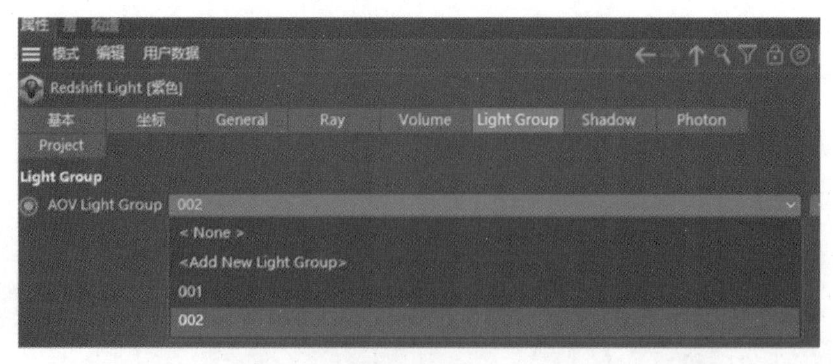

图 2-57

最后在 Redshift 渲染设置中的 AOV 中添加 Beauty，在 Beauty 层的灯光组中找到设置的灯光组并勾选，如图 2-58 所示。

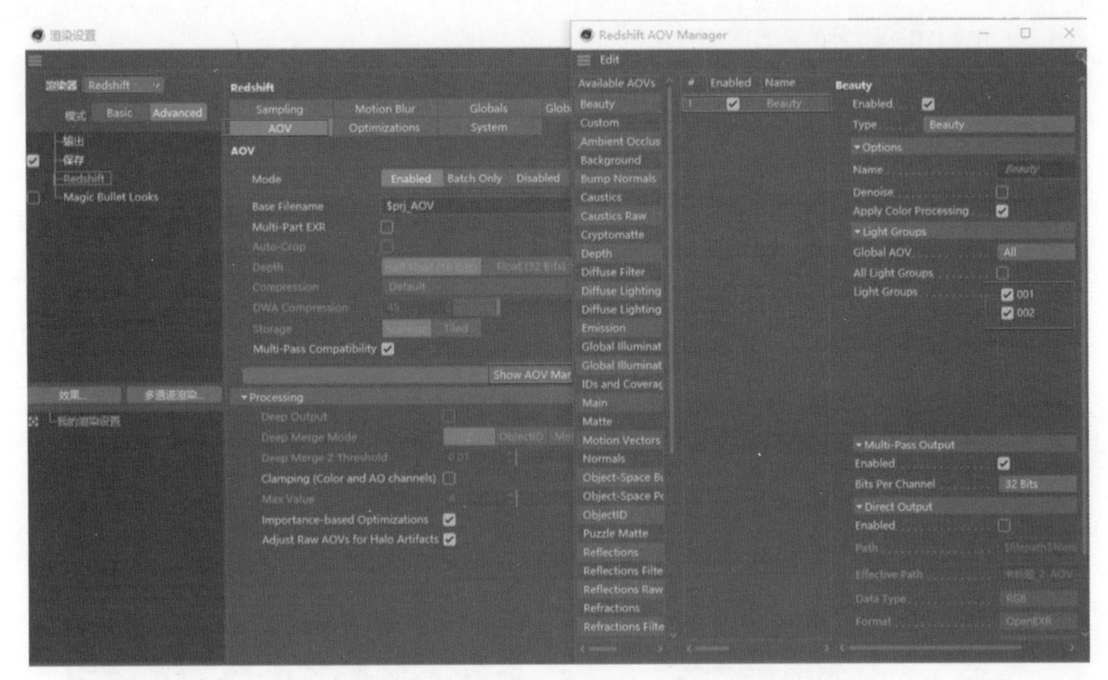

图 2-58

这样就可以后期出只有灯光组 001 对物体产生影响和只有灯光组 002 对物体产生影响的图片，也可以在渲染窗口的层通道中更改层通道看到不一样的灯光组的效果，如图 2-59 所示。

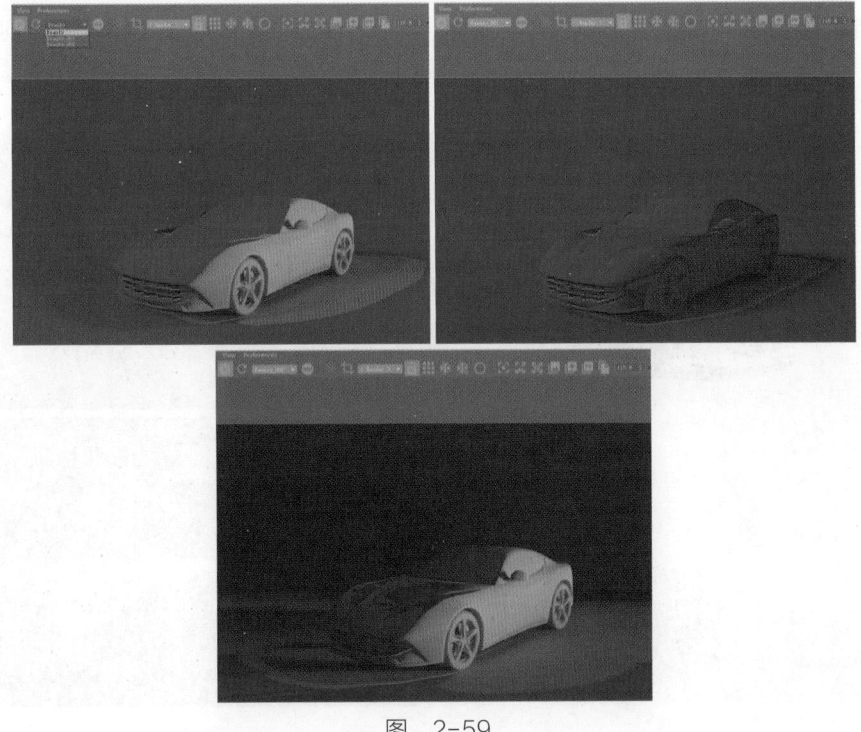

图 2-59

2.3.9 Infinite Light：Shadow 参数

1. Enable（启用）

启用或禁用阴影投射，如图 2-60 所示。

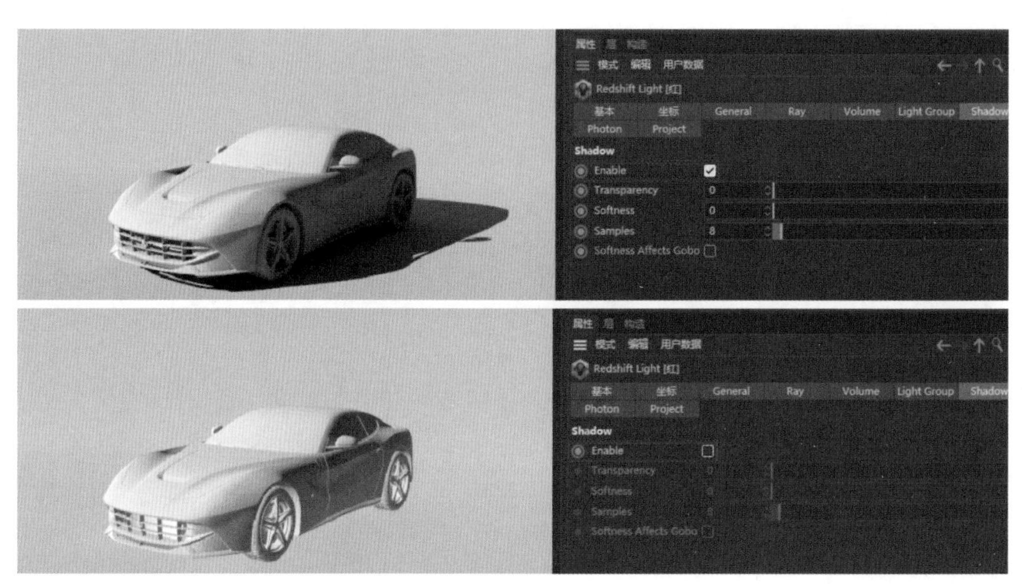

图 2-60

2. Transparency（透明度）

控制光线投射的阴影的透明度。较小的值产生较暗的阴影，默认值为 0 将产生一个完全的黑色阴影，值为 1 将不会产生任何阴影。透明度值越大，阴影越不明显，如图 2-61 所示。

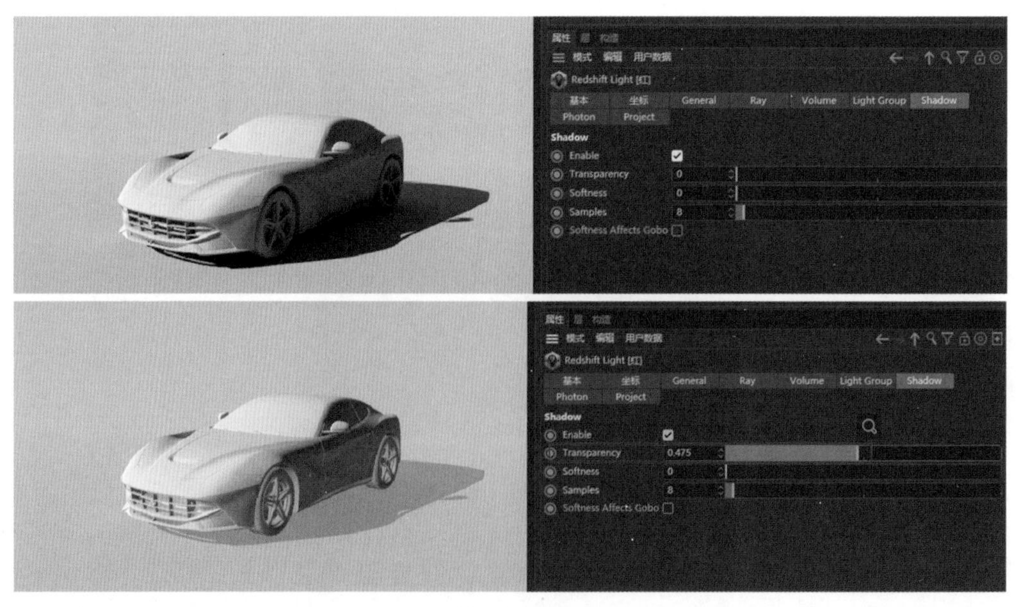

图 2-61

3. Softness（柔软）

控制灯光阴影的边缘柔和度。值为 0 表示没有柔和度，将产生清晰的阴影。大于 0 的值将产生更柔和的阴影边缘，如图 2-62 所示。

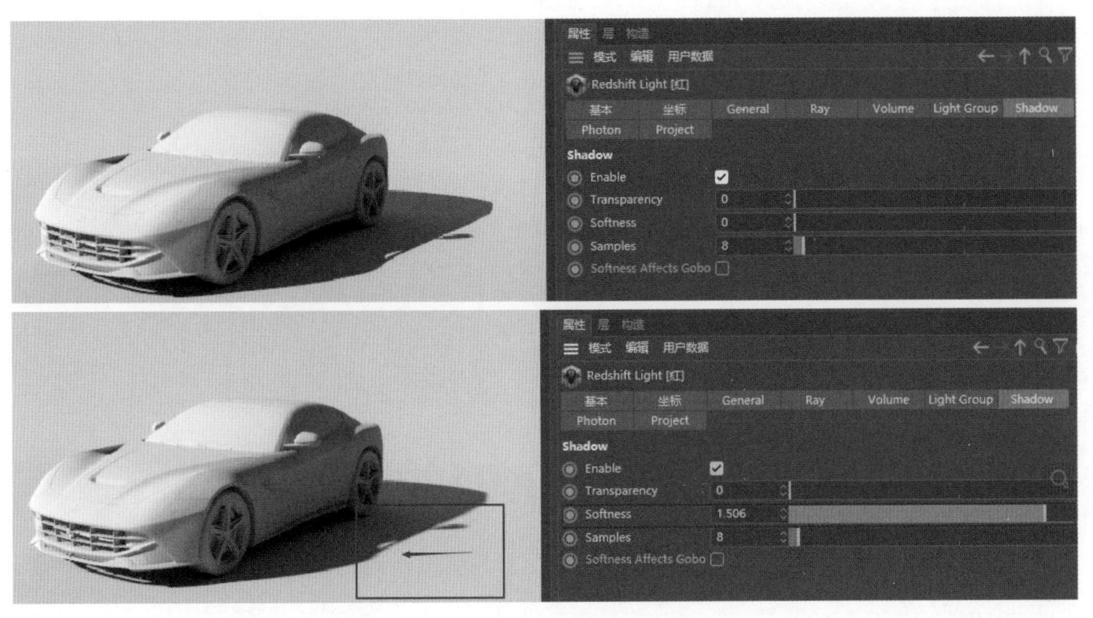

图　2-62

4. Samples（采样）

控制非区域灯光柔和阴影的光线样本数。值越高，越清晰，如图 2-63 所示。

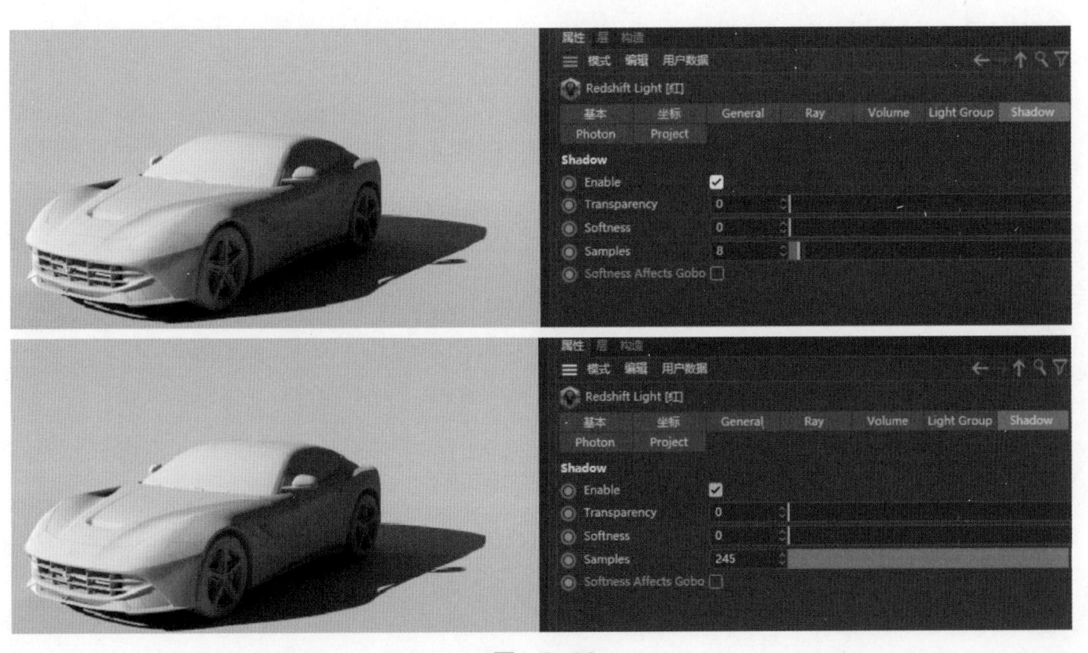

图　2-63

5. Softness Affects Gobo（柔软影响）

启用柔和的纹理投影，以匹配阴影的柔和度，给出与区域光相同的外观。柔软影响仅适用于红移物理和红移 IES 灯光。

2.3.10　Infinite Light：Photon 参数

1. Caustics（焦散线）

Caustics 是指当光线穿过透光或者透明物体时，光线发生汇聚形成光斑的现象。

2. Emit Caustic Photons（发射焦散光子）

指定物体发生焦散现象，当没有指定时意味着不发生焦散，在场景渲染时可以大大节约内存。

3. Enables Caustic Photon Casting for the Light（启用光线的焦散光子投射）

指定灯光发射焦散光线，当没有指定时意味着不发射焦散光线。

注意：如果在“光子贴图”选项卡下的“红移渲染”选项中未启用“启用焦散”，则不起作用。

4. Intensity Multiplier（强度乘数）

指定相对于光强度的焦散光子强度的乘数。值为 1 将导致发射的光子具有与光相同的强度。较小的值将产生强度相对小于光的光子，而较大的值将产生强度相对较大的光子。

5. Number of Photons to Emit（要发射的光子数）

控制焦散光子的数量。

6. GI

光线在空间中光线反弹的计算次数，越高模拟越真实，但是意味着渲染时间越长，一般建议保持默认参数。

7. Emit GI Photons（发射 GI 光子）

启用光的渐变折射率光子投射。

注意：如果在“光子贴图”选项卡下的“红移渲染”选项中未启用“启用渐变”，则不起作用。

2.3.11 Infinite Light：Project 参数

1. Project（项目）

在此选项卡中，可以指定特定于对象的照明行为。

2. Mode（模式）

指定列表中的对象应排除（Exclude）还是包含（Include）在灯光设置中，如图 2-64 所示。

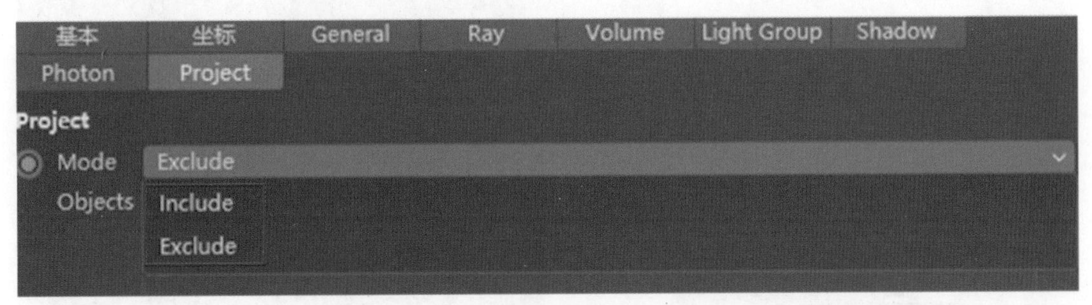

图 2-64

3. Objects（对象）

应受影响（在包括模式下）或不受影响（在排除模式下）的对象列表，如图 2-65 所示。

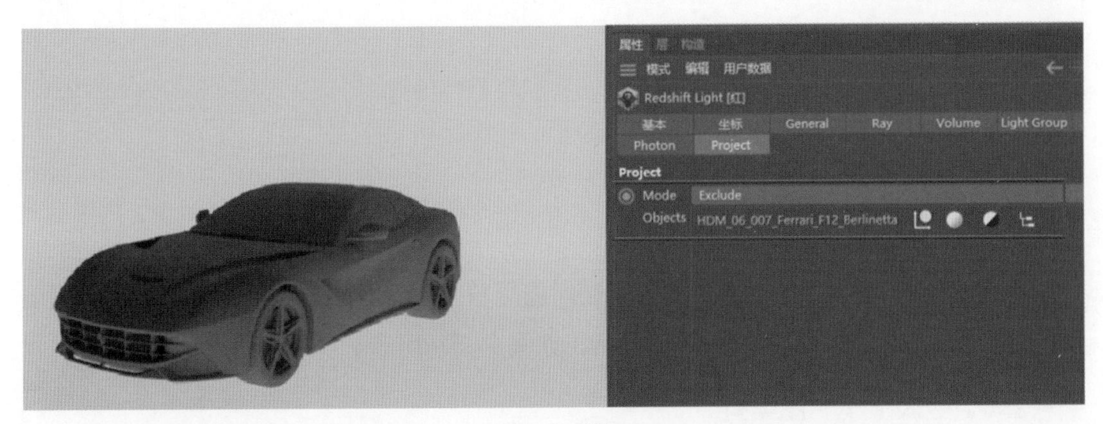

图 2-65

（1）接受漫射　当图标点亮时代表影响漫射，当关闭时代表不影响漫射，如图 2-66 所示。

（2）投射阴影　当图标点亮时代表影响投影，当关闭时代表不影响投影，如图 2-67 所示。

（3）影响子集　当图标点亮时代表影响子层级，当关闭时代表不影响子层级。

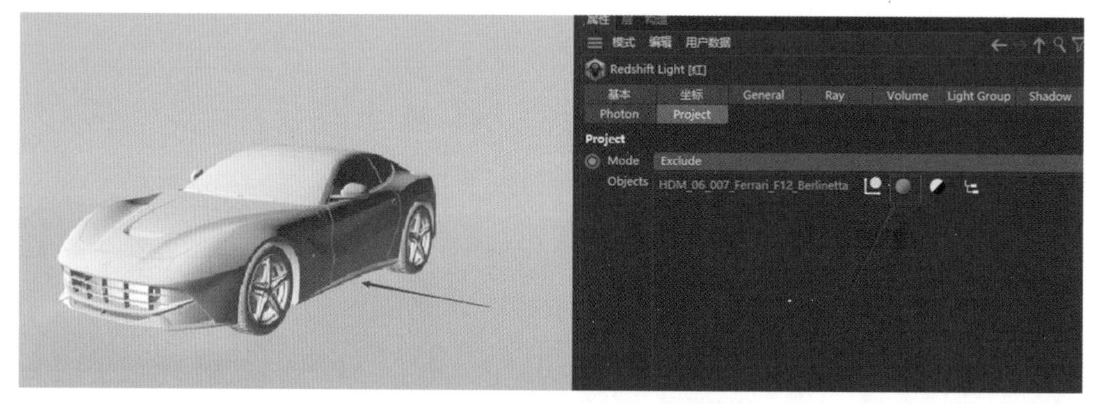

图 2-66

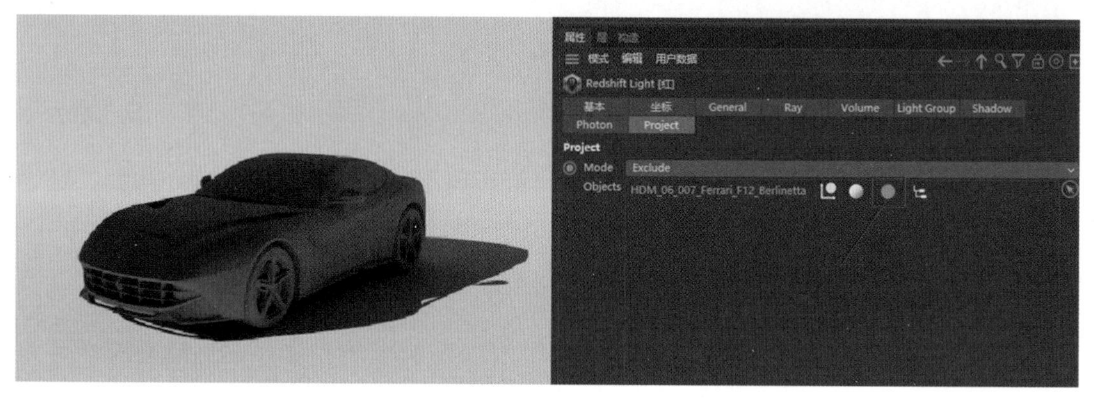

图 2-67

2.4 Dome Light

2.4.1 General 参数

1. Dome Map（穹顶贴图）

导入将用于灯光源的 HDRI 图像，如需看见背景图像，需要启用背景，如图 2-68 所示；否则只有灯光照明，没有环境显示，如图 2-69 所示。

2. Map Type（贴图类型）

指定用作光源的图像类型：

Spherical（球体）——采样为经度 / 纬度全球体贴图。

Hemispherical（半球）——采样为经度 / 纬度半球贴图。

Mirror Ball（镜面球）——作为镜面球贴图进行采样。

Angular（角度）——作为角度图进行采样。

图 2-68

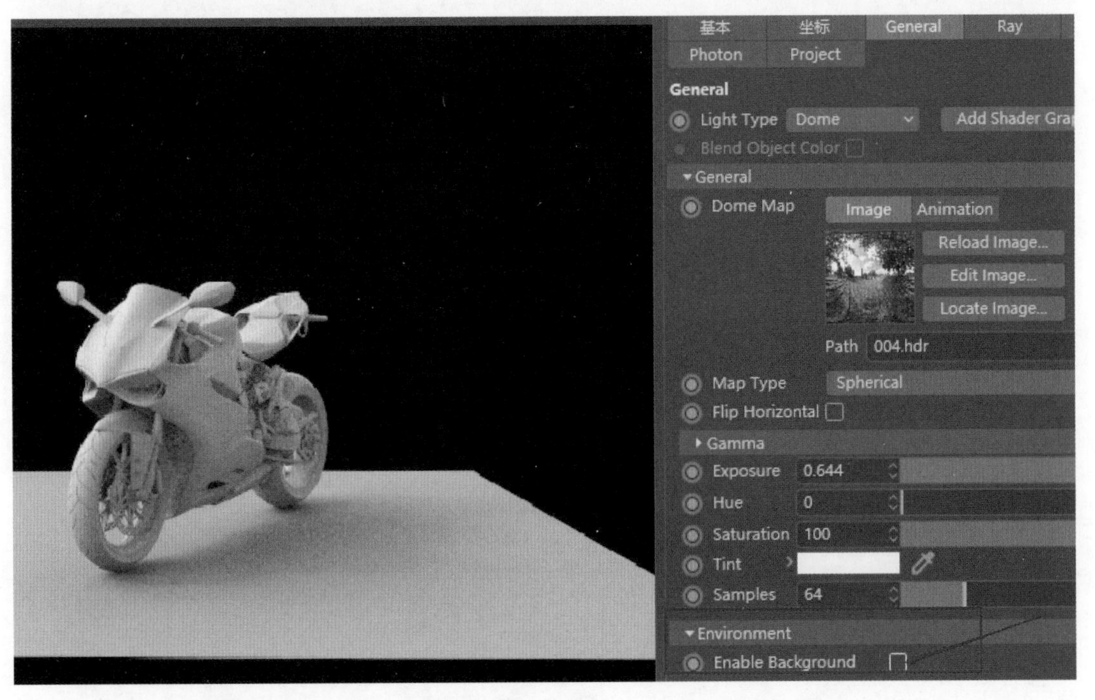

图 2-69

3. Flip Horizontal（水平翻转）

Redshift 渲染器用来定义表示光线应该如何在 *X* 轴上环绕虚拟世界。顾名思义，“水平翻转”选项在 *X* 轴上翻转穹顶，以帮助匹配不同渲染器的外观，如图 2-70 所示。

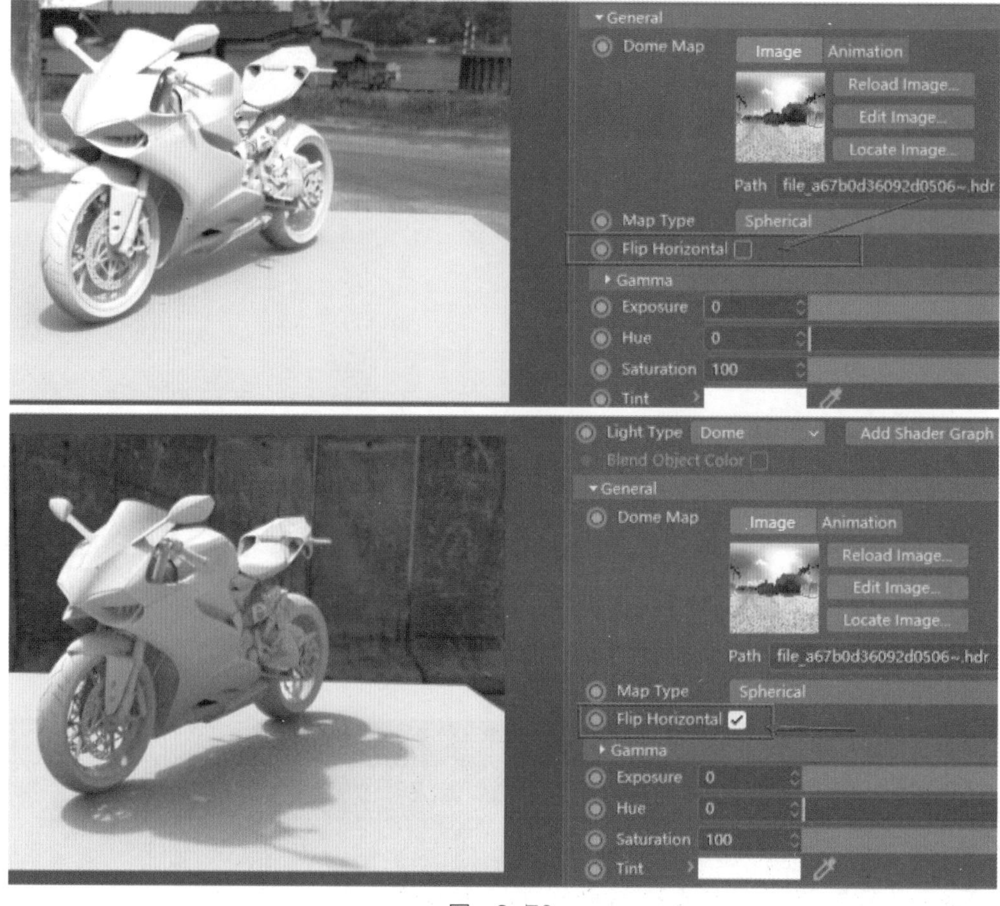

图 2-70

4. sRGB（色彩空间）

启用此设置会将 sRGB 伽马曲线应用到穹顶贴图。建议将 HDR 图像用于穹顶光纹理（本质上是线性的），但是如果使用 8 位图像（通常是 sRGB），请启用此选项，如图 2-71 所示。

图 2-71

5. Gamma（伽马）

Gamma 控制穹顶贴图的灰度值。较高的值有助于增加穹顶贴图中的对比度，而较低的值会降低对比度。根据穹顶贴图，当想要更清晰或更柔和的阴影时，调整伽马有助于调整场景照明。如图 2-72 所示，曝光被稍微调整以抵消伽马变化。

图 2-72

6. Exposure（曝光）

该设置增加或减少灯光强度。计算方式是，一个值表示“两倍亮”，两个值表示“四倍亮”。值 -1 表示“一半亮”，值 -2 表示“四分之一亮”。以此类推，如图 2-73 所示。

7. Hue（色调）

此设置会改变穹顶贴图的颜色色调，如图 2-74 所示。

图 2-73

General
Light Type
Dome
Add Shader Graph
Blend Object Color
General
Dome Map
Image
Animation
Reload Image...
Edit Image...
Locate Image...
Path
Studio.png
Map Type
Spherical
Flip Horizontal
Gamma
Override
sRGB
Exposure
1.489
Hue
0

图　2-73（续）

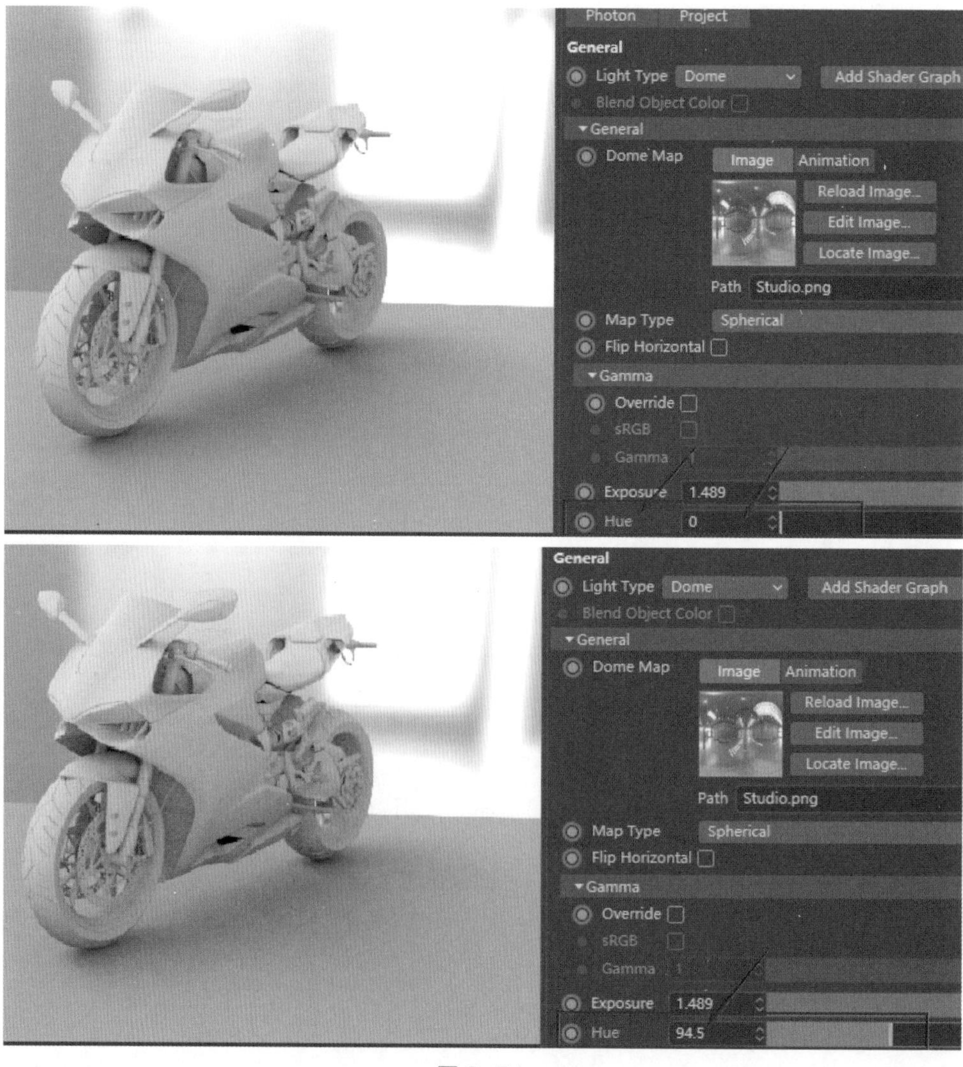
Photon
Project
General
Light Type
Dome
Add Shader Graph
Blend Object Color
General
Dome Map
Image
Animation
Reload Image...
Edit Image...
Locate Image...
Path
Studio.png
Map Type
Spherical
Flip Horizontal
Gamma
Override
sRGB
Gamma
1
Exposure
1.489
Hue
0
General
Light Type
Dome
Add Shader Graph
Blend Object Color
General
Dome Map
Image
Animation
Reload Image...
Edit Image...
Locate Image...
Path
Studio.png
Map Type
Spherical
Flip Horizontal
Gamma
Override
sRGB
Gamma
1
Exposure
1.489
Hue
94.5

图 2-74

8. Enable Background（启用背景）

启用时，此设置将在渲染中渲染顶灯贴图作为背景，如图 2-75 所示。启用时，顶灯背景将以 1 的实心 Alpha（阿尔法）值渲染。如果需要阿尔法为背景，一定要启用 Alpha Channel Replace（阿尔法通道替换），并设置适当的阿尔法值。

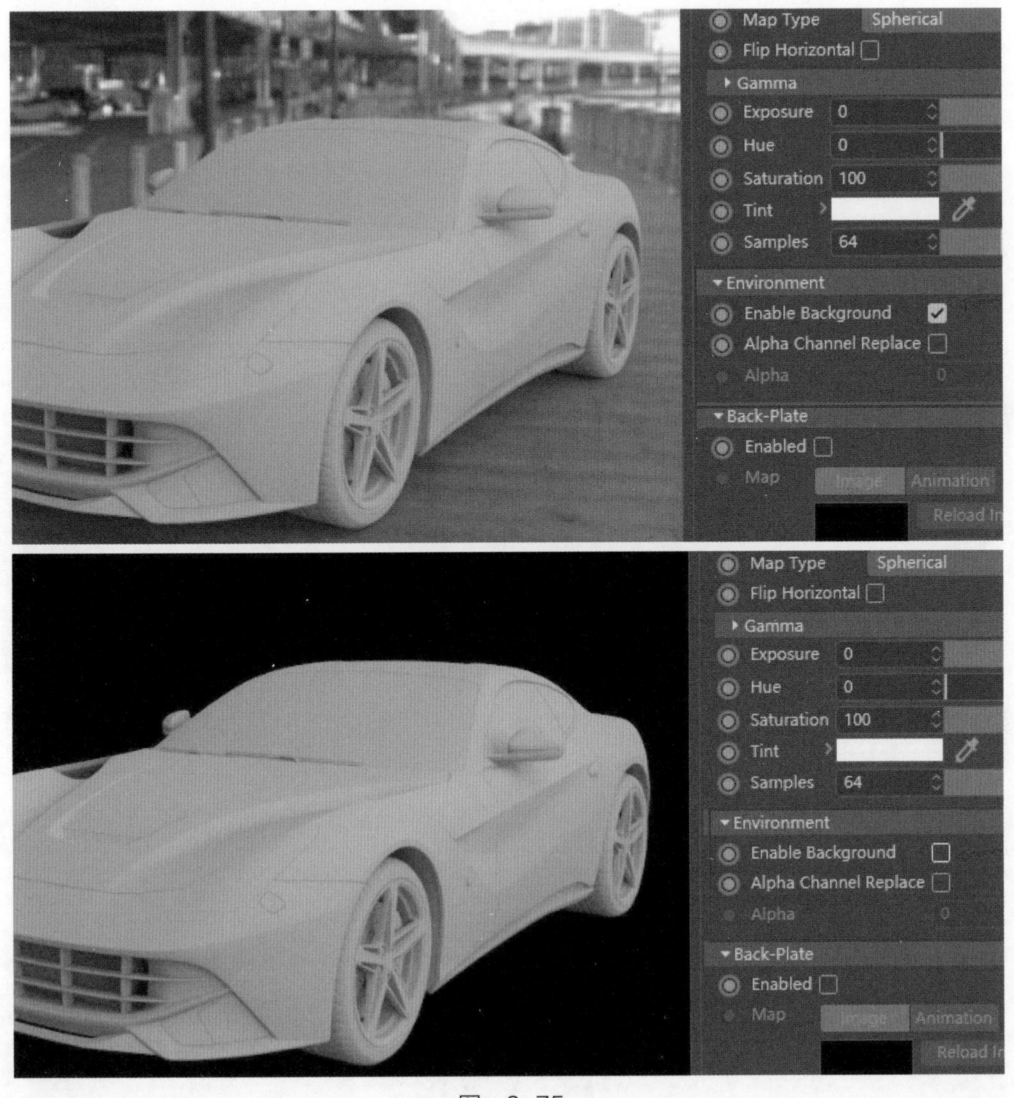

图 2-75

9. Alpha Channel Replace（阿尔法通道替换）

启用时，允许覆盖纹理阿尔法值，如果它们不存在或不正确，这是必要的。通常，对于环境纹理，如果计划合成环境层，Alpha 值应该始终为 0。

10. Alpha（阿尔法）

控制阿尔法层的透明度。

11. Back-Plate（背板）

Back-Plate 是指当输入 HDR 贴图时，环境光背景是否显示，如果不显示就是黑色，如果显示就是显示当前。

12. Enabled

启用时，可以渲染自定义背板纹理作为场景背景，而不是圆顶贴图。必须启用“启用背景”，才能使用背板进行渲染。如图 2-76 所示，为了更好地展示背板的使用，灰色地板对象被渲染为哑光对象；在第一张图片中，只能看到圆顶贴图作为背景，但是一旦“背板”被启用，将完全取代圆顶贴图。请注意，在反射球中仍然可以看到圆顶贴图的反射，而不是背板的反射，如图 2-76 所示。

图 2-76

2.4.2 About the Dome Light's Texture Map

About the Dome Light's Texture Map（关于穹顶灯的纹理贴图），也许穹顶灯最重要的元素是它的纹理图。理想情况下，应该使用 OpenEXR 格式的 HDR 纹理，因为它们可以捕捉大范围的强度。这种 HDR 纹理既可以在网上获得，也可以通过应用程序（如“HDR 灯光工作室”）创作。

关于纹理贴图，需要记住：纹理图上非常小、非常亮的点会产生清晰的阴影，大光点会产生更柔和的阴影。从某种意义上来说，Dome Light 的纹理特征就像区域灯光一样：大面积灯光产生柔和的阴影，而小面积灯光产生更清晰的阴影，如图 2-77 和图 2-78 所示。每对图像中的第一个是顶灯贴图，第二个是最终渲染结果。

图 2-77

图 2-78

2.4.3 Global Illumination

红移穹顶灯可以与一个主要的地理引擎（强力或辐照缓存）相结合。这样做有助于红移更有效地捕捉圆顶照明，尤其是在室内照明的情况下。因此，使用穹灯产生很多噪点，可以在增加顶灯样本之前尝试启用 GI。Global Illumination（全局照明）设置如图 2-79 所示。

其他灯光参数会在后面的案例部分进行详细讲解。

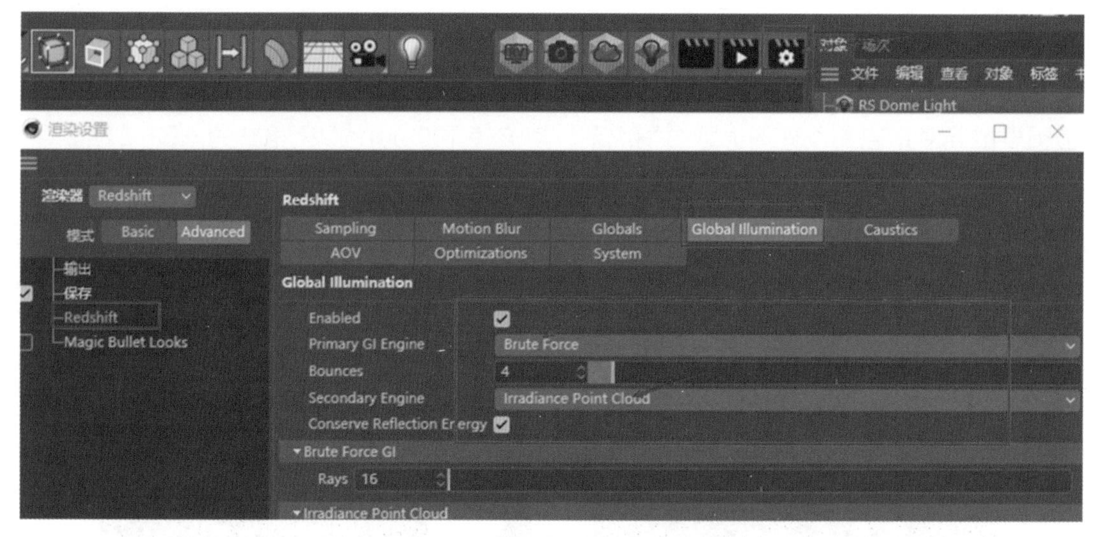

图 2-79

2.5 材质

单击新材质标签就可以创建通用材质，通用材质是最常用的材质，可以调节出各种材质类型，如图 2-80 所示。

长按材质标签可以选择要创建的材质类型，可以节省调节材质的时间，Redshift 提供了很多材质类型，可以大大提高工作效率，如图 2-81 所示。

图 2-80

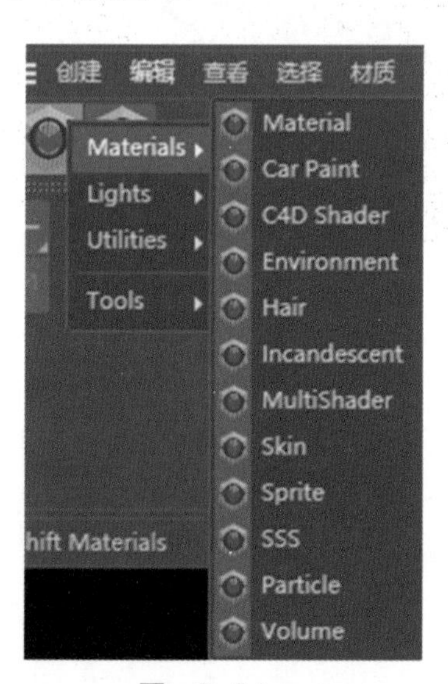

图 2-81

双击材质球可以进入材质节点编辑界面，在这里可以对材质进行调节，如图 2-82 所示。

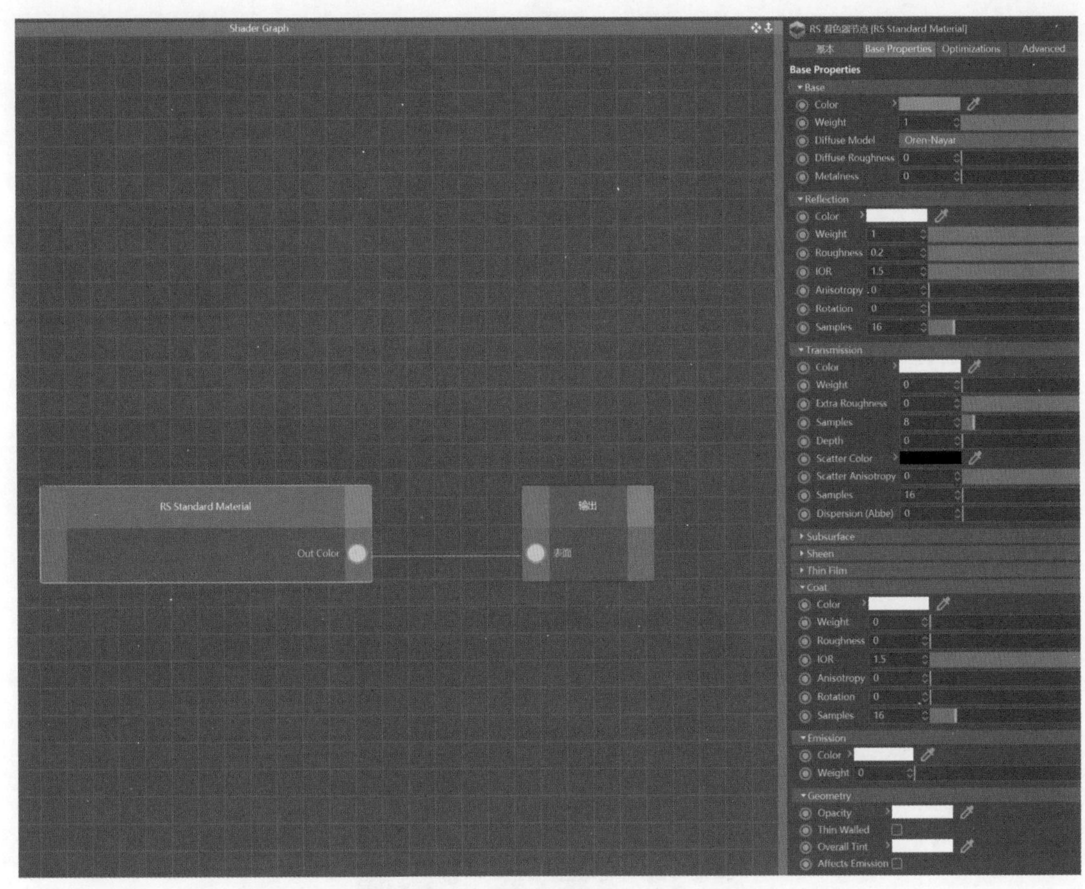

图 2-82

贴图方式主要看贴图后缀名

1）COL/Diffuse：漫反射贴图。

2）GLOSS/Glossiness：光泽度贴图。

3）Height/Displacement/Disp：高度 / 深度贴图。

4）NRM/Normal：法线贴图。

5）REFL/Reflection：反射贴图。

6）AO/Ambient Occlusion：环境遮挡贴图。

7）Specular Map：高光贴图。

对应贴到：Diffuse（漫反射）。

对应贴到：Glossiness（粗糙度、光泽度）。

对应贴到：Displacement（置换、移位）。

对应贴到：Normal（法线、凹凸）。

对应贴到：Reflection Weight（反射强度）。

对应贴到：遮挡、Overall Color（整体颜色）。

对应贴到：高光、反射强度。

2.6 渲染与输出

通过“渲染器”选项可以切换不同的渲染器，如图 2-83 所示。“标准”与“物理”渲染器是 Cinema 4D 自带的两个使用频率较高的渲染器。它也有一些外置的渲染器，如 Redshift 和 Octane Render 等，但需要单独安装插件。本书中的案例主要使用 Redshift 渲染器。

图 2-83

如图 2-84 所示，红框内的参数是需要调整的参数。“输出”选项中的“宽度”和“高度”就是画面的大小，此时画面大小是 1280×720 像素。本书中的案例都是图片格式，所以“帧范围”使用“当前帧”即可。如果需要渲染动画，就要设置动画开始与结束的时间，如图 2-84 所示。

“保存”选项用于设置文件渲染完成后的保存路径。“格式”可以根据需求选择，这里使用“PNG”格式，如果所渲染的场景中有 Alpha（透明）通道，需要勾选“Alpha 通道”和“直接 Alpha”两个选项，如图 2-85 所示。

在 Redshift 渲染器 3.0 版本中，简化了渲染设置的调节，提供了两种模式：Basic 和 Advanced，如图 2-86 所示。当预览不需要全局照明时，一般选择 Basic 可以提高预览速度，如果需要全局照明则更改为 Advanced。内部具体参数在后期渲染案例中进行详细介绍。

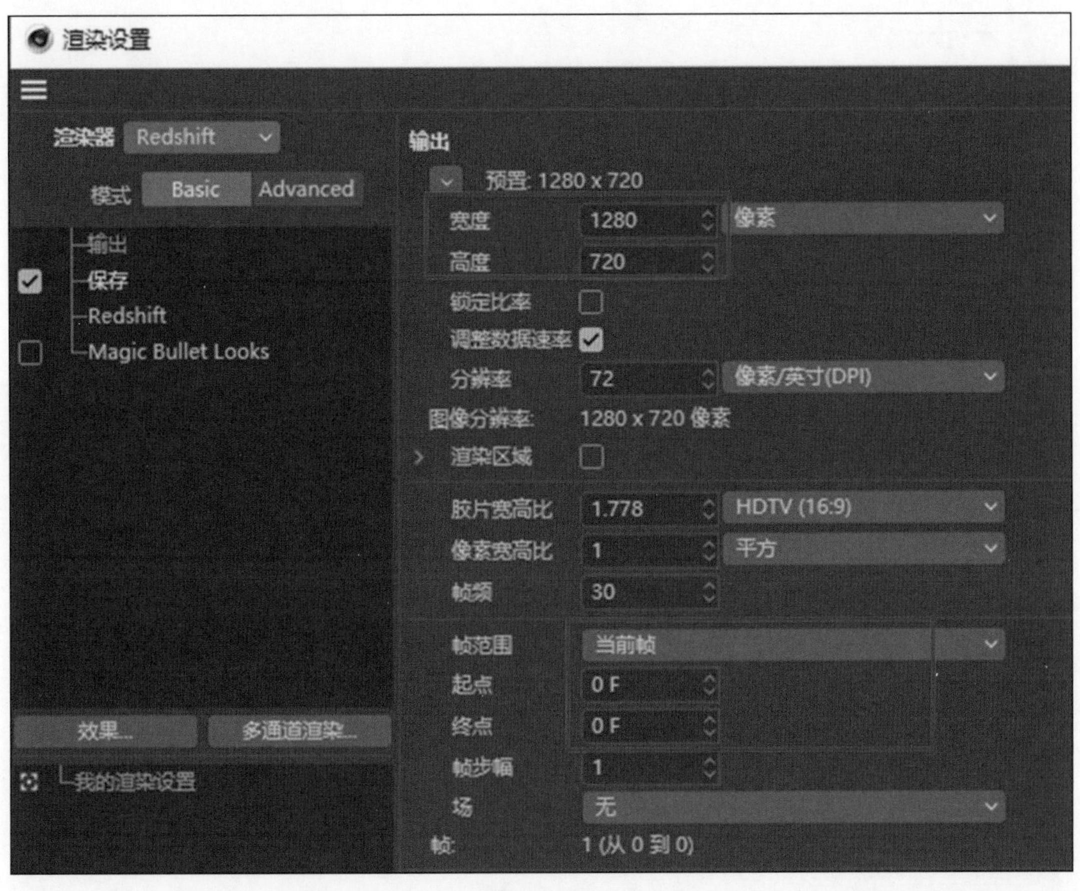
渲染设置
渲染器 Redshift
模式 Basic Advanced
输出
保存
Redshift
Magic Bullet Looks
效果...
多通道渲染...
我的渲染设置
输出
预置: 1280 x 720
宽度 1280 像素
高度 720
锁定比率
调整数据速率
分辨率 72 像素/英寸(DPI)
图像分辨率: 1280 x 720 像素
渲染区域
胶片宽高比 1.778 HDTV (16:9)
像素宽高比 1 平方
帧频 30
帧范围 当前帧
起点 0 F
终点 0 F
帧步幅 1
场 无
帧: 1 (从 0 到 0)

图 2-84

图 2-85

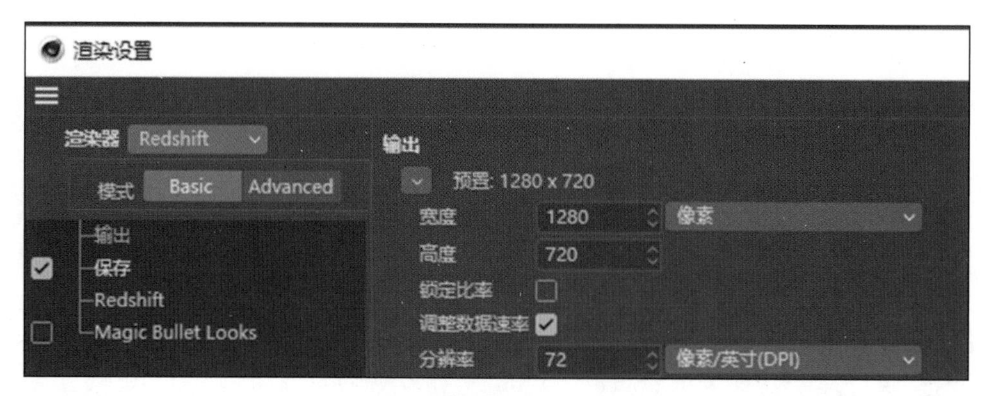

图 2-86

以上就是渲染的通用设置，可以满足大多数的渲染需求，后期案例中会讲解不同场景的渲染，需要用到不同的设置，在案例中会详细讲解。

03

实用技能与案例实践

本章中的案例从模型、灯光、材质、渲染、输出和合成这 6 部分进行完整的演示，让读者掌握案例的全部制作过程。案例讲解中给出的参数均为参考值，并非硬性标准，读者可以在学习过程中多尝试。

3.1 Cinema 4D 案例：音箱

本节以制作一个音箱为例（见图 3-1），介绍音箱的制作流程，包括模型创建、模型修改、场景搭建、场景布光、材质调节和渲染输出等。通过对本案例的学习，读者可以熟悉三维作品的制作流程，更好地建立作品制作的整体意识，厘清制作思路。

图 3-1

本案例知识点：三维制作流程、 模型创建思路、灯光的基本应用、材质的基础应用、 后期、渲染输出参数调节。

3.1.1 模型大型创建

大型分析整体结构分为：内部音箱孔结构 + 外部上部壳体 + 外部下部壳体 + 细节。整体建模思路：先做内部网孔部件，再通过分裂挤压得到外部壳体造型。

1. 模型的大型制作

在 Cinema 4D 中一般会通过工具栏创建出与产品大型相近的基本体对象。单击工具栏中的“立方体”按钮，然后在弹出的面板中单击“圆柱体”按钮，创建与模型大型相近的圆柱体，如图 3-2 所示。

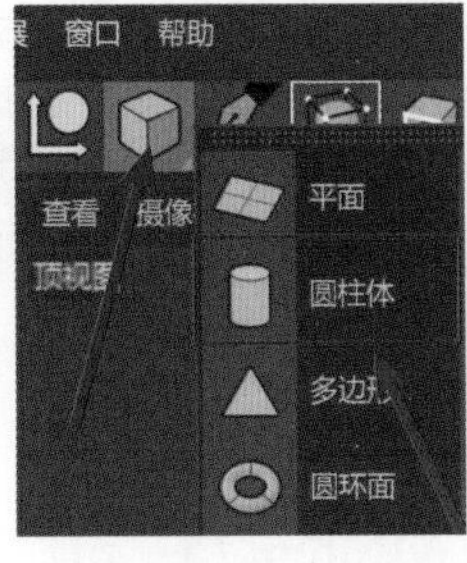

图 3-2

2. 导入背景图

建模时如果有参考图，可以把背景图拖入对应的模型视窗，添加一个圆柱体对背景图进行对齐（这样做是为了让创建的模型中心对称，因为创建的基本体属于中心对称），按 <Alt+V> 键进入视窗属性面板，进行背景图参数调节，如图 3-3 所示。

3. 转为可编辑对象

调整好模型的长宽比例，以及分段数，“高度分段”为“4”，“旋转分段”为“16”，调整好后转为可编辑对象就可以对模型进行修改调整，如图 3-4 所示。

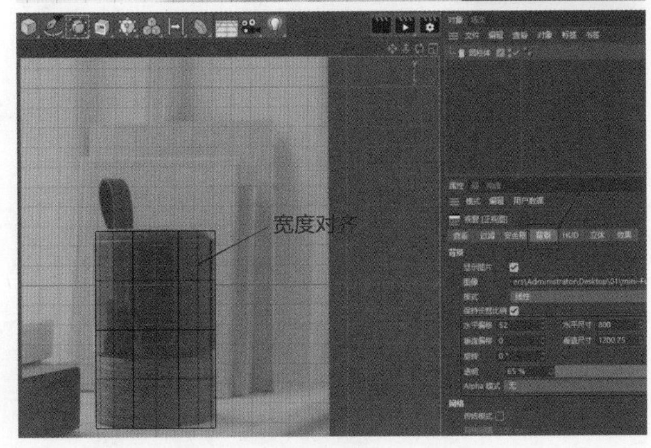

图 3-3

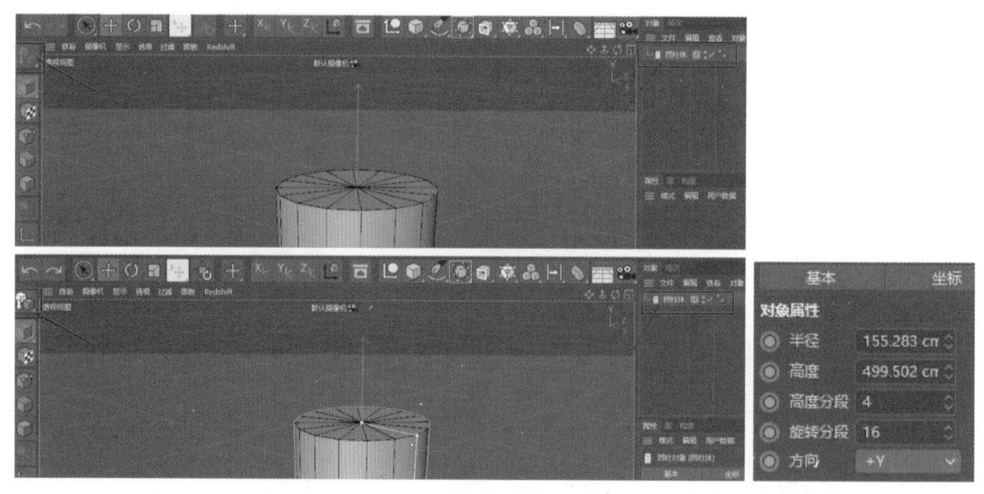

图 3-4

4. 设置倒角

1）根据参考图，模型顶部有一个大的倒角，底部有一个小的倒角，可以在“移动”模式下，选择“线”双击，可以循环选择想要的区域，右键选择“倒角”命令，如图 3-5 所示。

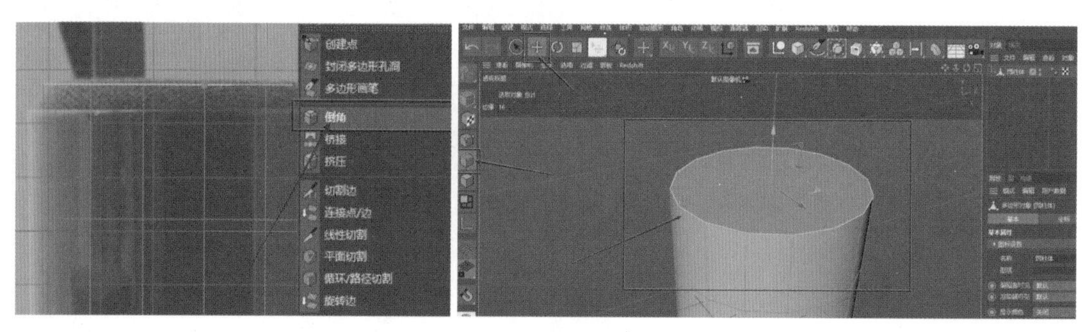

图 3-5

2）倒角属性调整。细分大于 1，可以保证圆角的弧度，这里“细分”为“2”，因为后期需要细分，如果参数太大，后面细分曲面容易造成布线不均匀，导致面不圆滑，如图 3-6 所示。

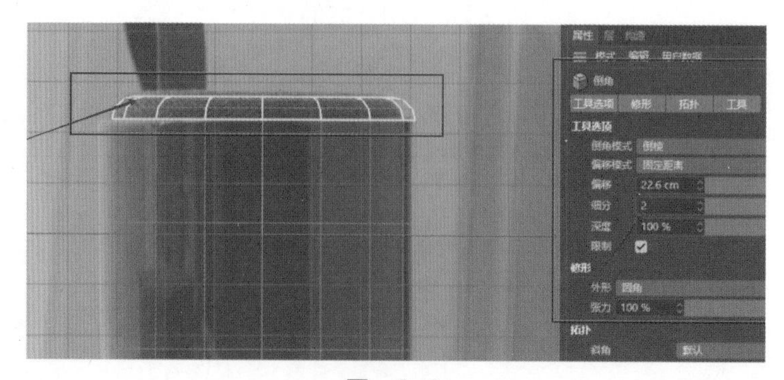

图 3-6

3）以同样的方式做出下面的倒角，倒角大小需要小一点，如图 3-7 所示。

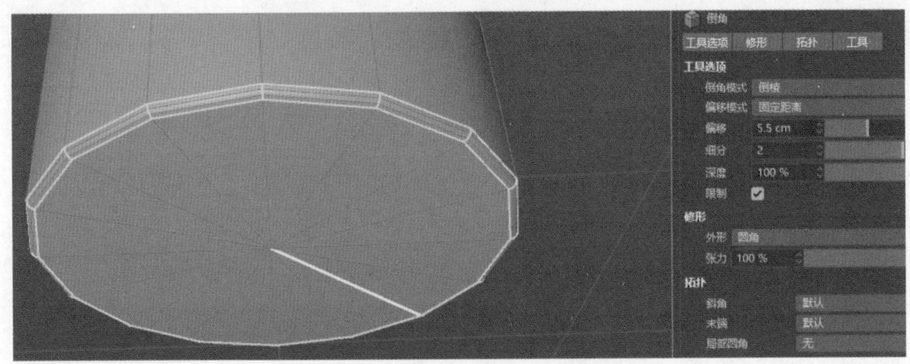

图 3-7

3.1.2 外部壳体制作

1）由音箱结构可知，外部壳体结构可以由内部造型分裂挤压得到，所以可先通过右键选择“循环 / 路径切割”命令，在上部壳体大小范围两端加边，如图 3-8 所示。

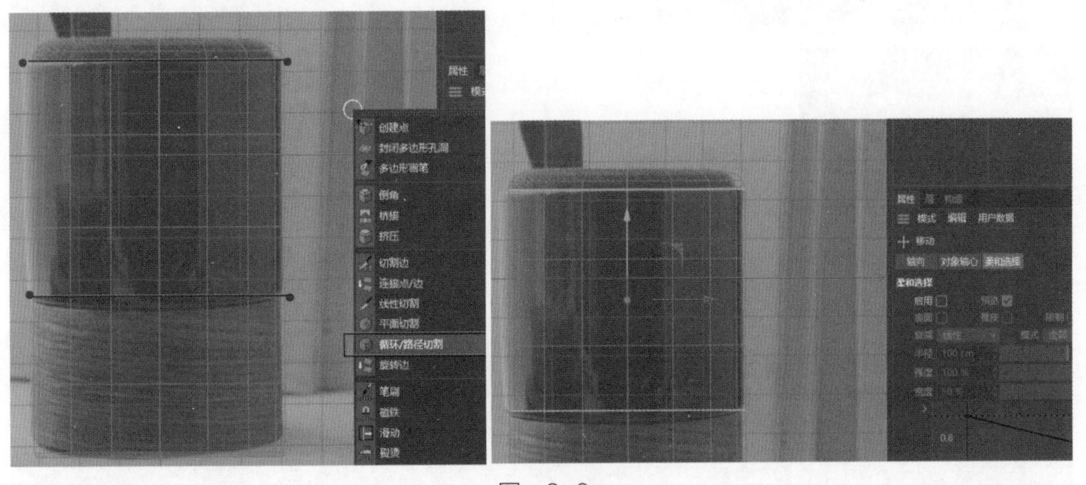

图 3-8

2）选中上下两条边，通过“填充选择”（快捷键 <U+F>）得到需要分裂的曲面。右键选择“分裂”命令，如图 3-9 所示。

3）把分裂出来的曲面更名为“外壳”，并右键选择“挤压”命令，挤压时记得勾选“创建封顶”，如图 3-10 所示。

4）以同样的方式把下面的壳体做完，如图 3-11 所示。

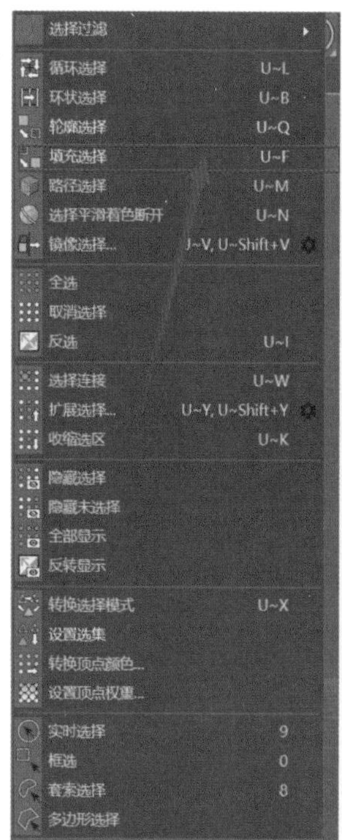
选择过滤
循环选择 U~L
环状选择 U~B
轮廓选择 U~Q
填充选择 U~F
路径选择 U~M
选择平滑着色断开 U~N
镜像选择... J~V, U~Shift+V
全选
取消选择
反选 U~I
选择连接 U~W
扩展选择... U~Y, U~Shift+Y
收缩选区 U~K
隐藏选择
隐藏未选择
全部显示
反转显示
转换选择模式 U~X
设置选集
转换顶点颜色...
设置顶点权重...
实时选择 9
框选 0
套索选择 8
多边形选择

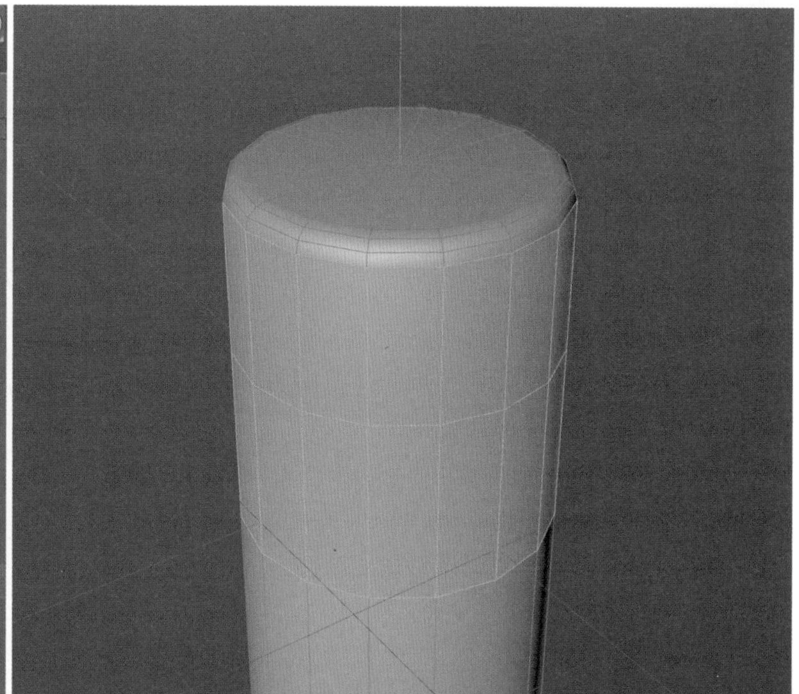

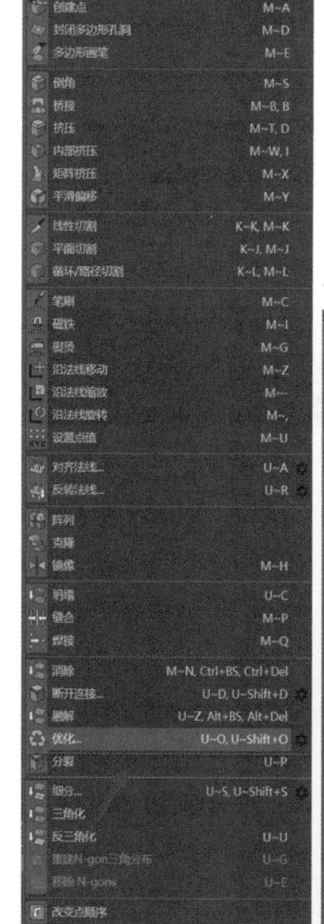
创建点 M~A
封闭多边形孔洞 M~D
多边形画笔 M~E
倒角 M~S
桥接 M~B, B
挤压 M~T, D
内部挤压 M~W, I
矩阵挤压 M~X
平滑偏移 M~Y
线性切割 K~K, M~K
平面切割 K~J, M~J
循环/路径切割 K~L, M~L
笔刷 M~C
磁铁 M~I
熨烫 M~G
沿法线移动 M~Z
沿法线缩放 M~-
沿法线旋转 M~,
设置点值 M~U
对齐法线... U~A
反转法线... U~R
阵列
克隆
镜像 M~H
剪切 U~C
缝合 M~P
焊接 M~Q
消除 M~N, Ctrl+BS, Ctrl+Del
断开连接... U~D, U~Shift+D
融解 U~Z, Alt+BS, Alt+Del
优化... U~O, U~Shift+O
分裂 U~P
细分... U~S, U~Shift+S
三角化
反三角化 U~U
重新N-gon三角分布 U~G
移除N-gons U~E
改变点顺序

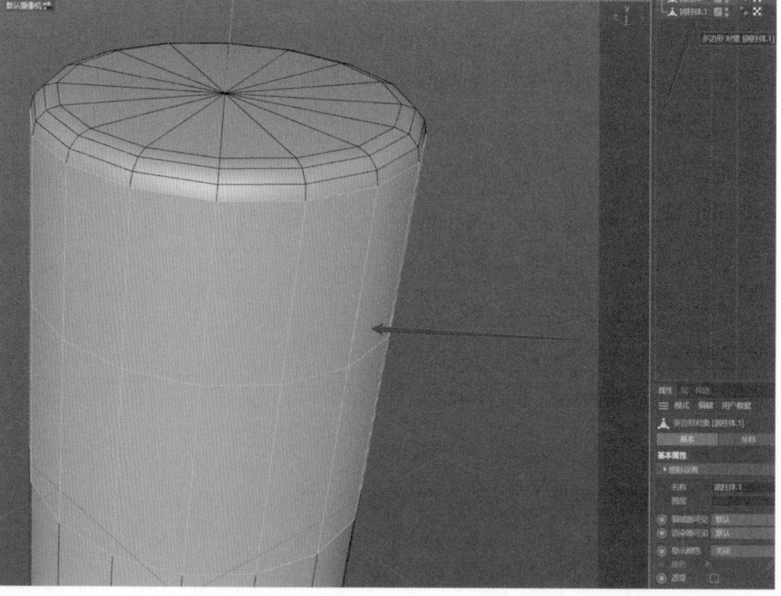

图 3-9

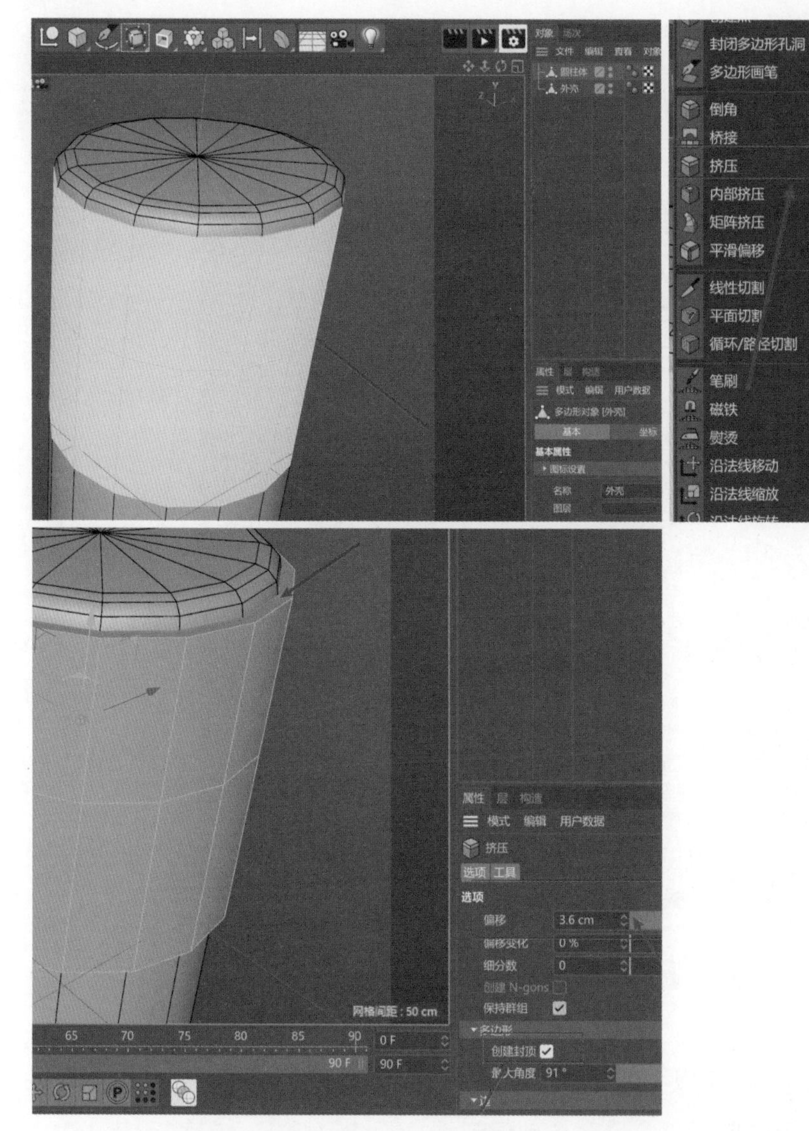
封闭多边形孔洞 M~D
多边形画笔 M~E
倒角 M~S
桥接 M~B, B
挤压 M~T, D
内部挤压 M~W, I
矩阵挤压 M~X
平滑偏移 M~Y
线性切割 K~K, M~K
平面切割 K~J, M~J
循环/路径切割 K~L, M~L
笔刷 M~C
磁铁 M~I
熨烫 M~G
沿法线移动 M~Z
沿法线缩放 M~~
属性 层 构造
模式 编辑 用户数据
挤压
选项 工具
选项
偏移 3.6 cm
偏移变化 0 %
细分数 0
创建 N-gons
保持群组
创建封顶
最大角度 91 °
网格间距 : 50 cm
65 70 75 80 85 90
0 F
90 F

图 3-10

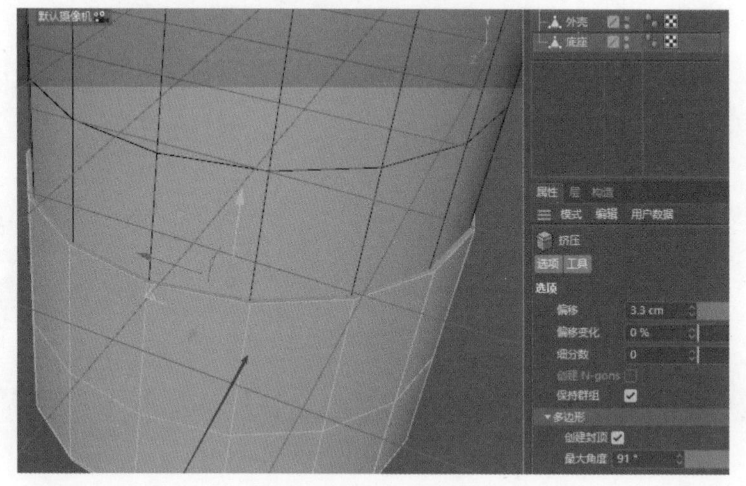
默认摄像机
外壳
底座
属性 层 构造
模式 编辑 用户数据
挤压
选项 工具
选项
偏移 3.3 cm
偏移变化 0 %
细分数 0
创建 N-gons
保持群组
多边形
创建封顶
最大角度 91 °

图 3-11

3.1.3 按钮制作

1）顶部按钮制作。通过对按钮的形态分析，可以通过对需要按钮的部位进行“循环 / 路径切割”得到需要的按钮形态，如图 3-12 所示。

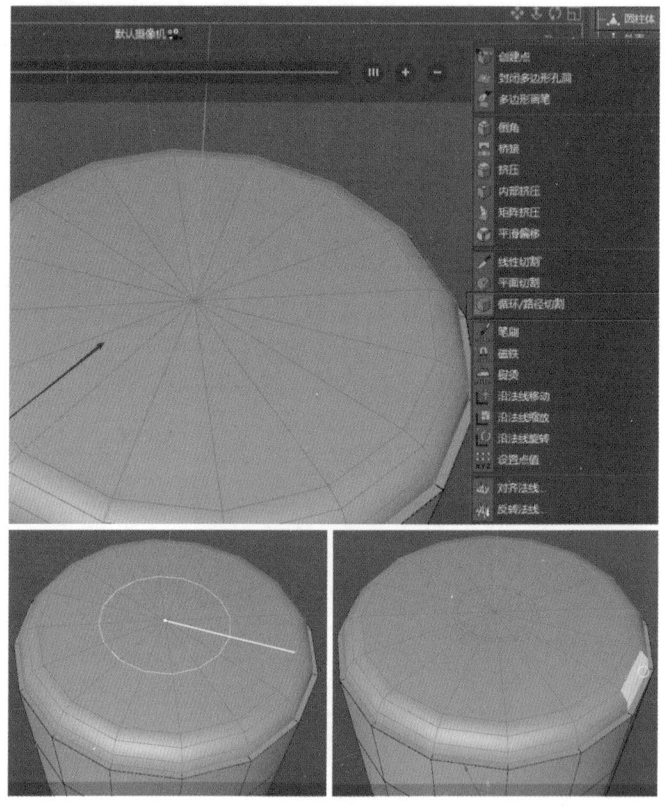

图 3-12

2）大造型分割出来后可以先把需要的孔洞挤压出来。可以右键选择“挤压”命令完成（注意：这里使用“挤压”命令时“创建封顶”不能打开），或者按住 <Ctrl> 键使用“移动”命令，对需要挤压的面进行拖动，如图 3-13 所示。

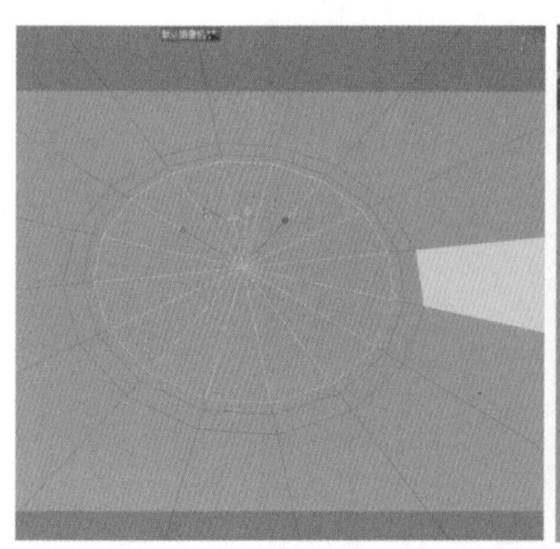

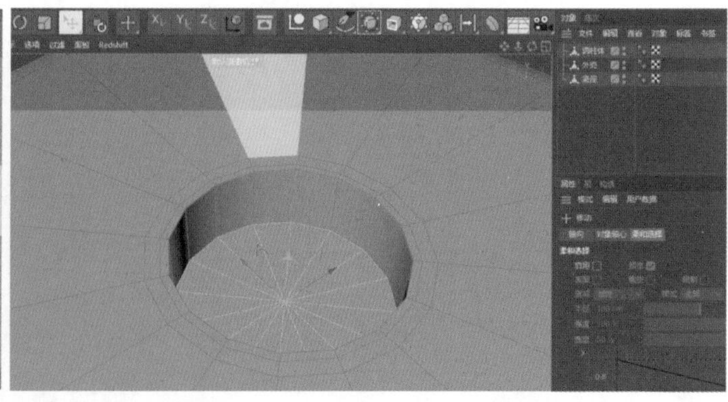

图 3-13

3）在放置按钮的孔洞做完后，需要把按钮做出来，因为按钮是单独的部件，需要通过“分裂”命令把按钮的部件分裂出来，并更名为“按钮”，然后通过“挤压”命令往上挤压，直至按钮微高于洞口，如图 3-14 所示。

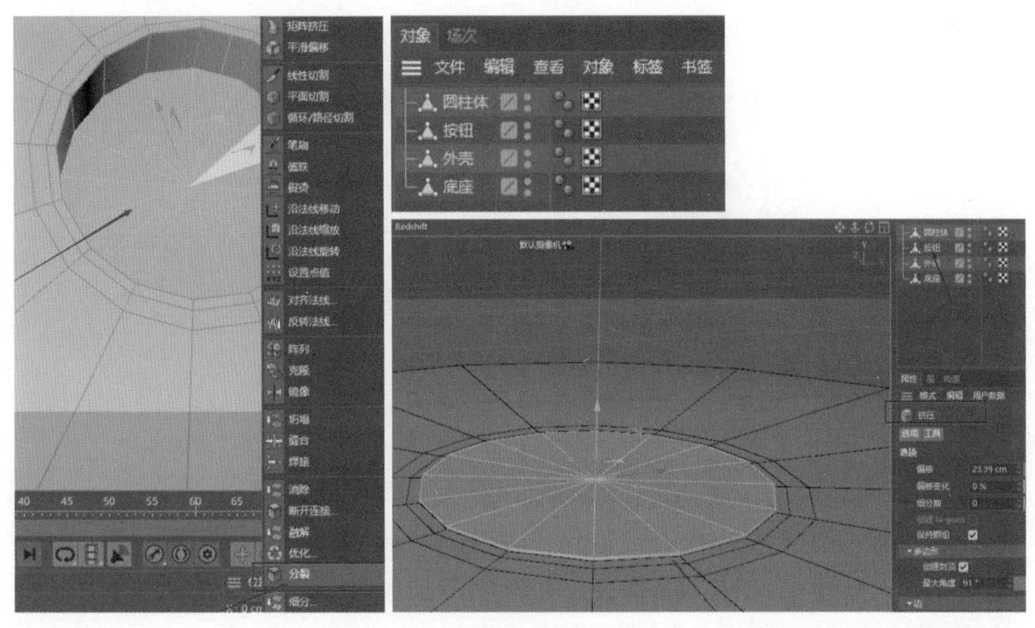

图　3-14

4）以同样的方式做出外面的按钮，如图 3-15 所示。

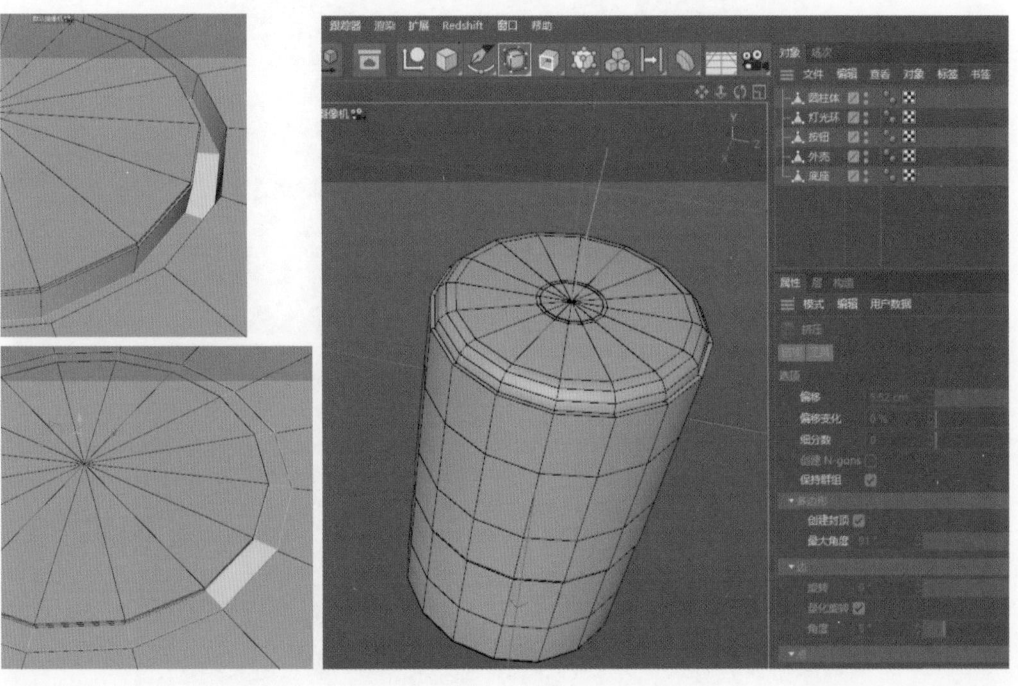

图　3-15

3.1.4　卡边处理

1）在对象栏全选所有对象并通过快捷键 <Alt+G> 建组，对组添加细分曲面，产品造型会发生变形，如图 3-16 所示。

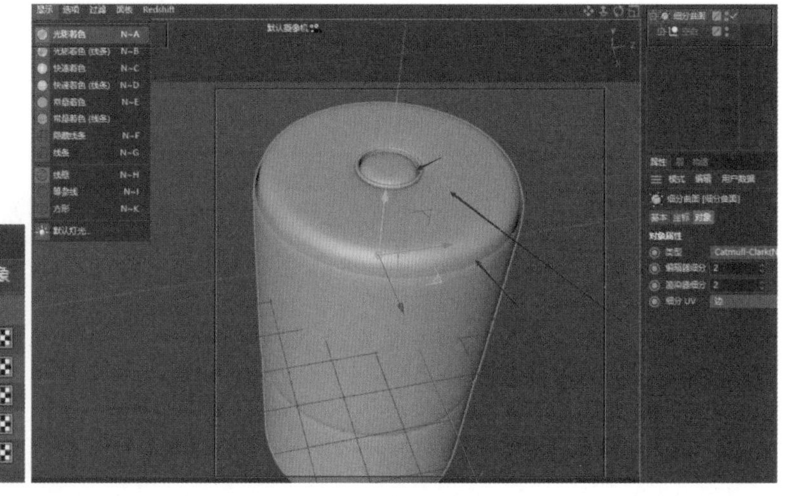

图　3-16

2）对产品转折进行卡边处理。可以通过“倒角”命令，或者“循环 / 路径切割”命令对边缘进行处理，如图 3-17 所示。

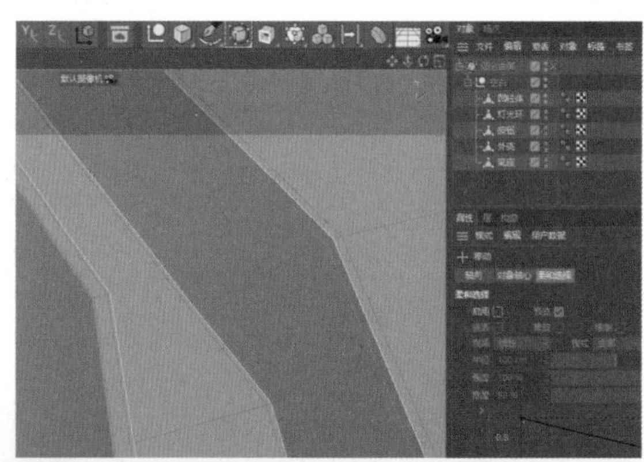

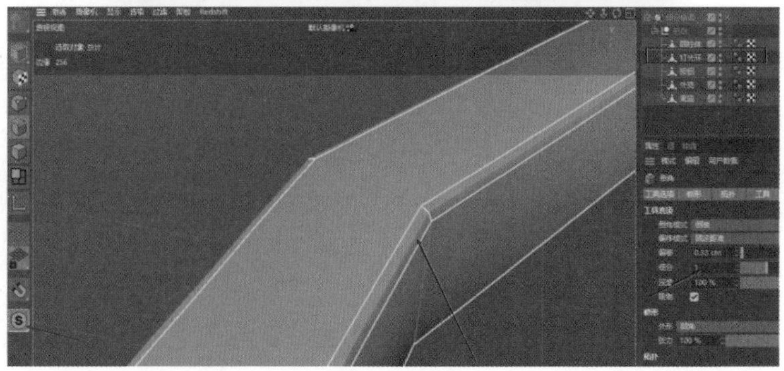

图　3-17

3）如图 3-18 所示，左边是卡边前，右边是卡边后的对比图。

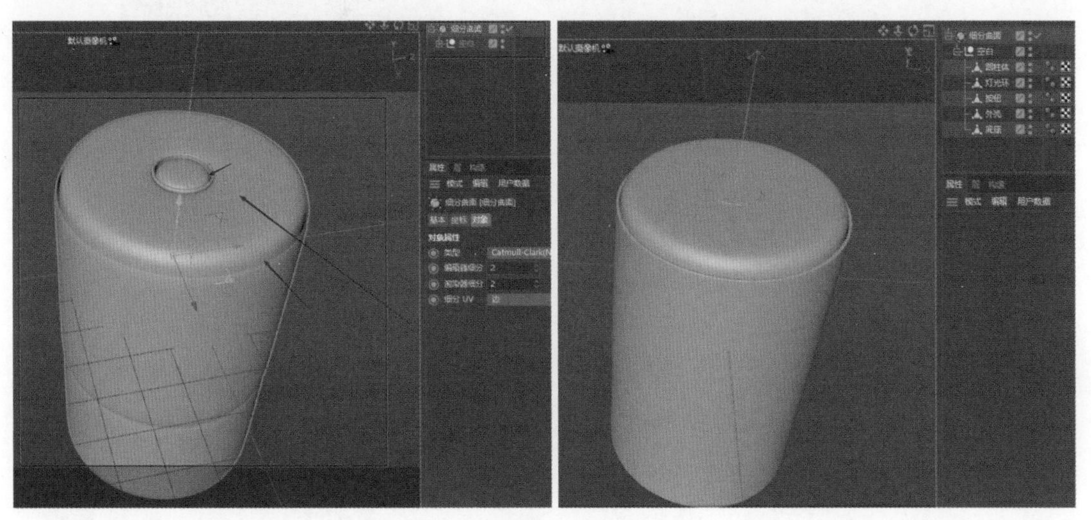

图 3-18

3.1.5 侧面挂钮

1）对于挂钮部分，需要先对外壳部件进行一次细分，因为按钮比较小，以现在曲面的大小达不到要求，所以先细分一次，得到符合要求的面，如图 3-19 所示。

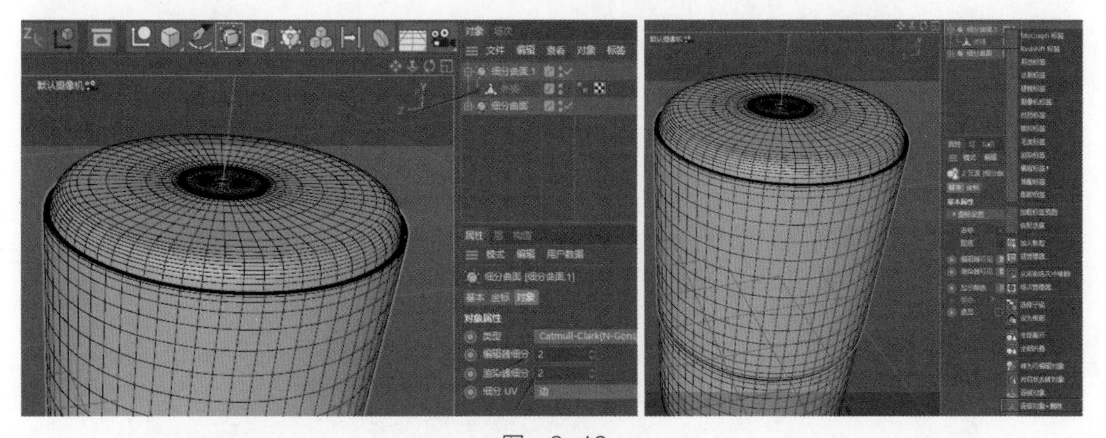

图 3-19

2）选择以对称轴左右方向距离相等的两块曲面，如图 3-20 所示。

3）通过“挤压”命令对两块面进行挤压，需要进行两次挤压，第一次挤压是挂钮和主体的距离，第二次挤压是挂钮的厚度，如图 3-21 所示。

4）选择两边内侧的第二块面，通过“桥接”命令进行连接，如图 3-22 所示。可以直接在属性面板中加细分，也可以后面手动加。

5）调整边和点的位置对大型进行调整，并倒角，“细分”为“1”，如图 3-23 所示。

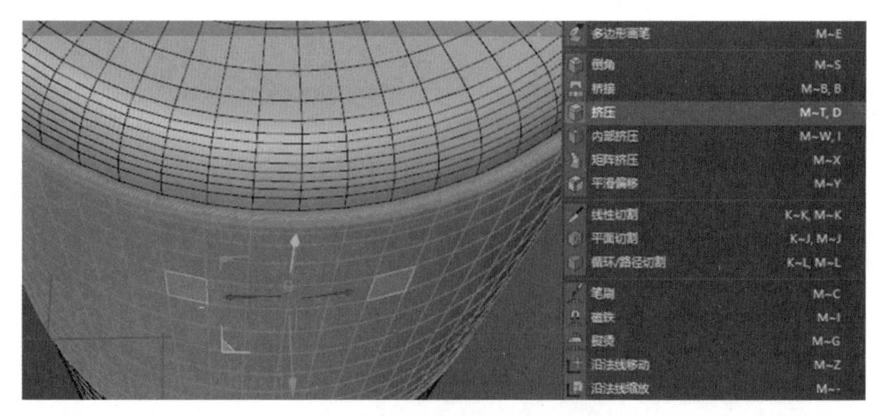

图 3-20

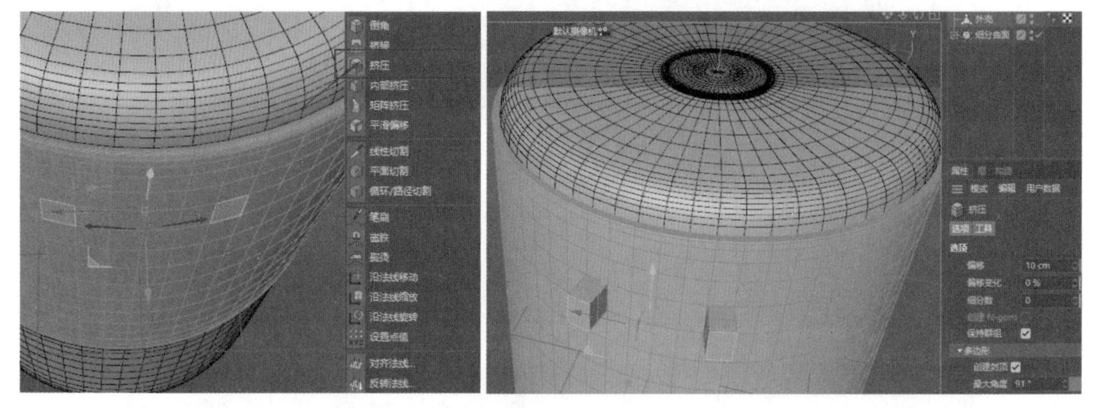

图 3-21

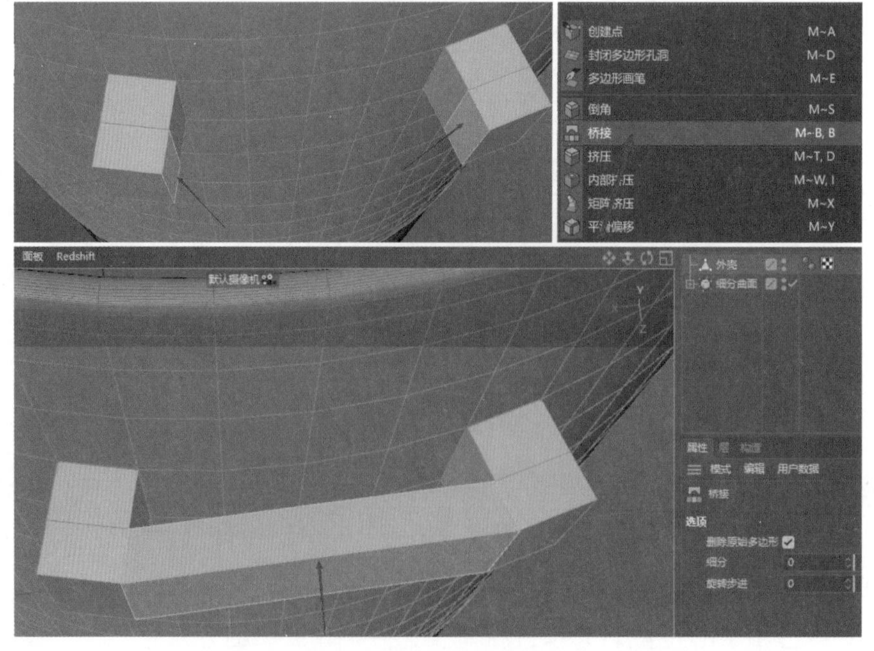

图 3-22

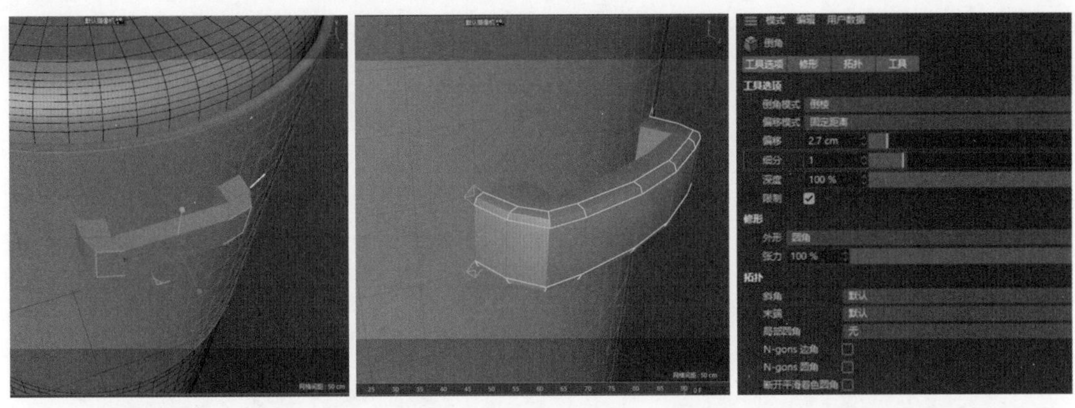

图 3-23

6）倒角结束后对布线会产生影响，需要调整一下，通过“消除”命令把多余的曲线移除，如图 3-24 所示；通过线性切割进行布线、分面，使每个面都保存为四边。

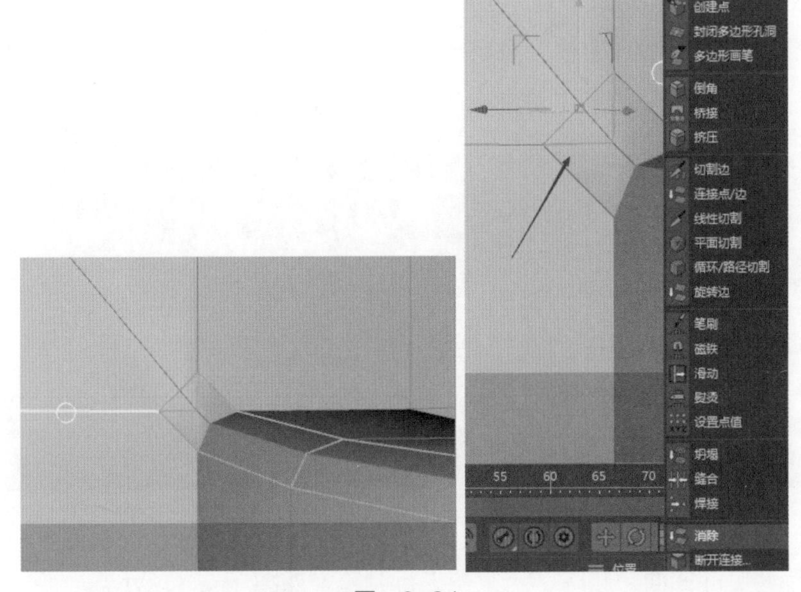

图 3-24

7）通过线性切割，把首尾两端连接起来，形成环状，如图 3-25 所示。

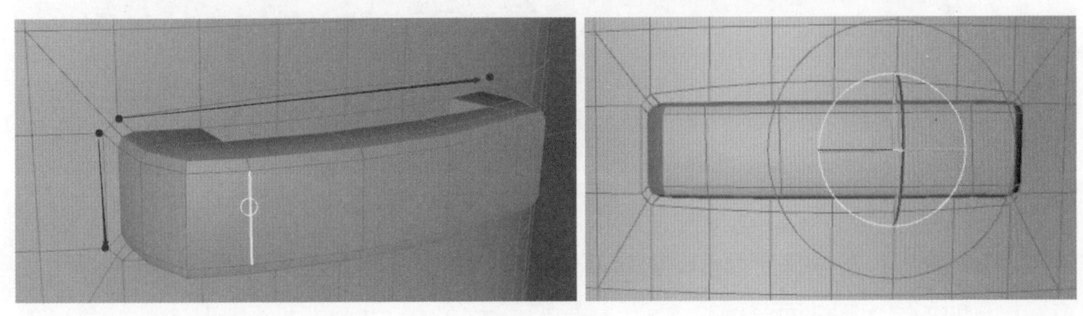

图 3-25

8）加上细分后效果如图 3-26 所示。

图 3-26

3.1.6 纽带创建

1）纽带可以通过“立方体”进行创建。建立一个立方体，调整好长宽比例并转为可编辑对象，在图 3-27 所示位置进行“循环 / 路径切割”操作。

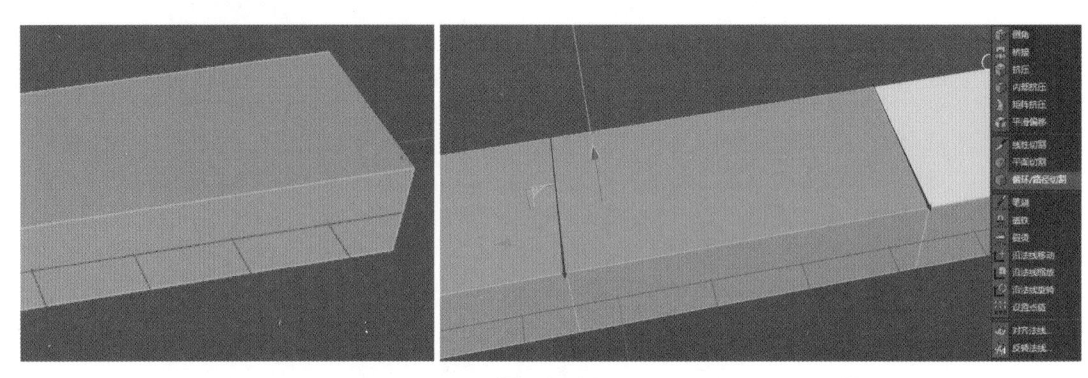

图 3-27

2）选择两侧的曲面，删除。对大型进行调整，如图 3-28 所示。

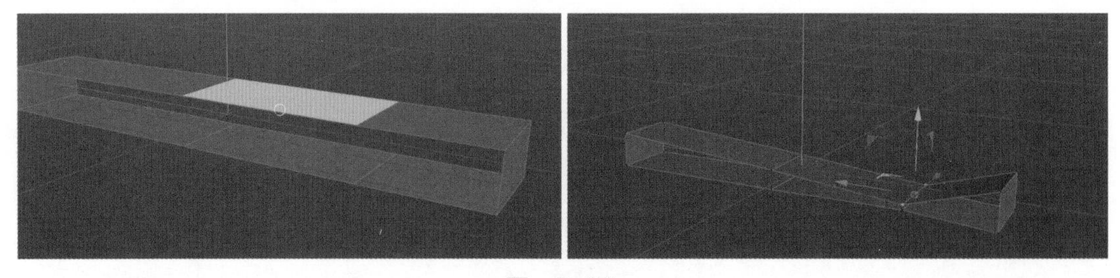

图 3-28

3）调整好位置，挤压厚度，对转折边倒角，加上细分曲面，如图 3-29 所示（注意：挤压时如果出现曲面分裂的情况，需要把最大角度加大，直到不出现分裂为止）。

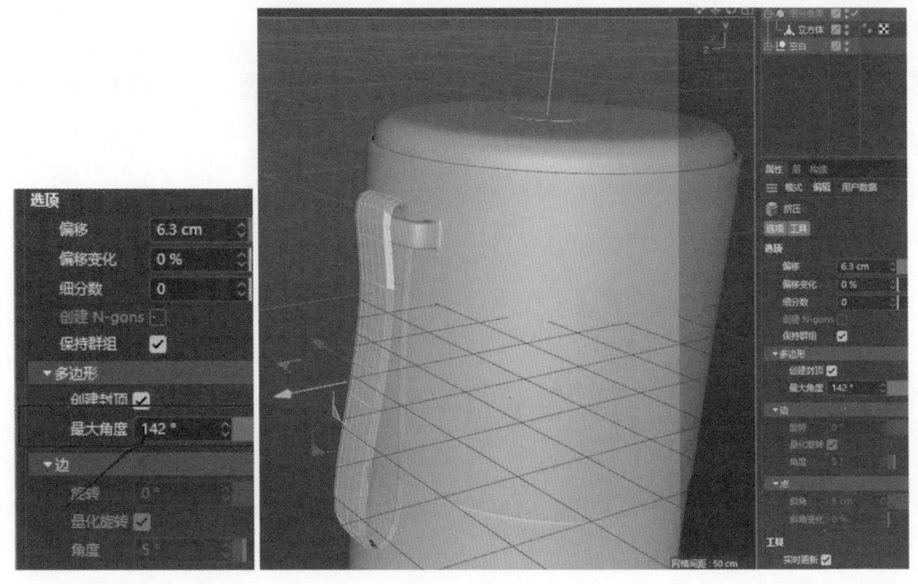

图 3-29

4）调整造型，加上卡扣，完成建模，如图 3-30 所示。

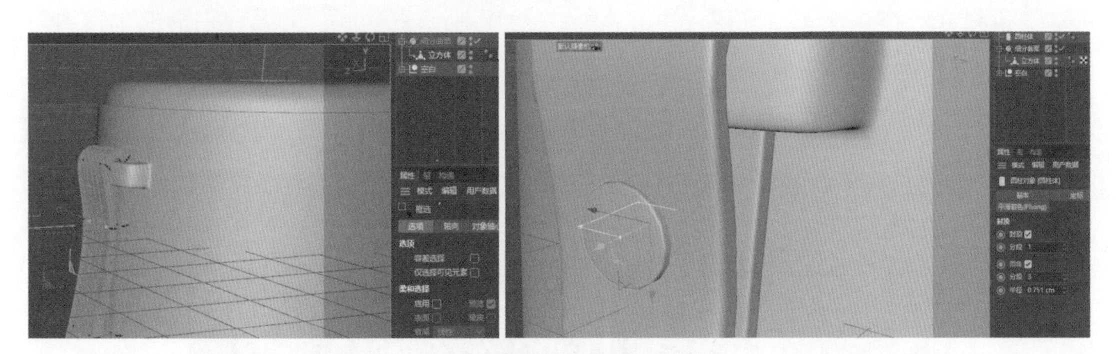

图 3-30

3.1.7 模型展示

最后模型展示，如图 3-31 所示。

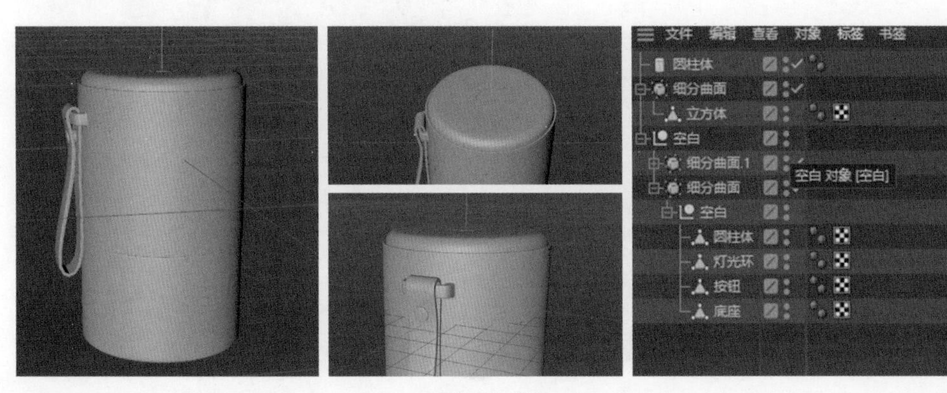

图 3-31

3.1.8 场景搭建

场景搭建时需要注意画面比例、空间关系。如图 3-32 所示，主体物放在黄金分割线附近，辅助物进行大小区分，并且和主体物形成遮挡关系，但不完全遮挡，只需要表达出前后空间即可。位置确定后添加摄像机并添加保护标签（注意：相机的焦距需要开大一点，如开到 96mm），读者可以在网上下载素材。

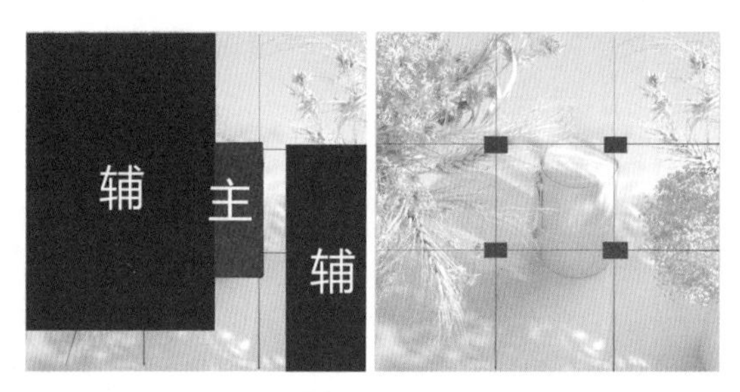

图 3-32

3.1.9 光影

1）打光时注意主光源位置，通过 Area Light 制作主光源。为了让它形成比较清楚的投影，需要把 Area Light 大小缩小，灯光亮度调高，并且注意主体物的受光情况，不要让阴影遮挡了主体物的细节，如图 3-33 所示。

图 3-33

2）增加一个 Dome Light 对场景整体提亮，如图 3-34 所示。

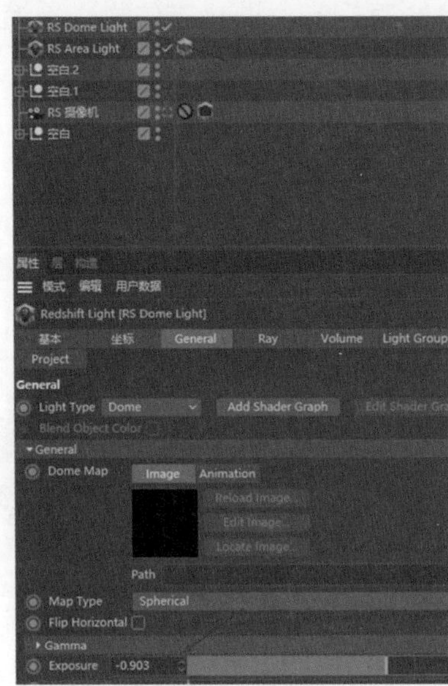

图 3-34

3.1.10 材质

调节材质时需要对整体色调进行把控。因此需要先从面积最大的物体进行调节，地面和树枝是场景中面积最大的物体，它们的材质、色调会直接影响渲染风格走向。

1. 地面调节

1）给地面创建一个 Redshift 通用材质，如图 3-35 所示。

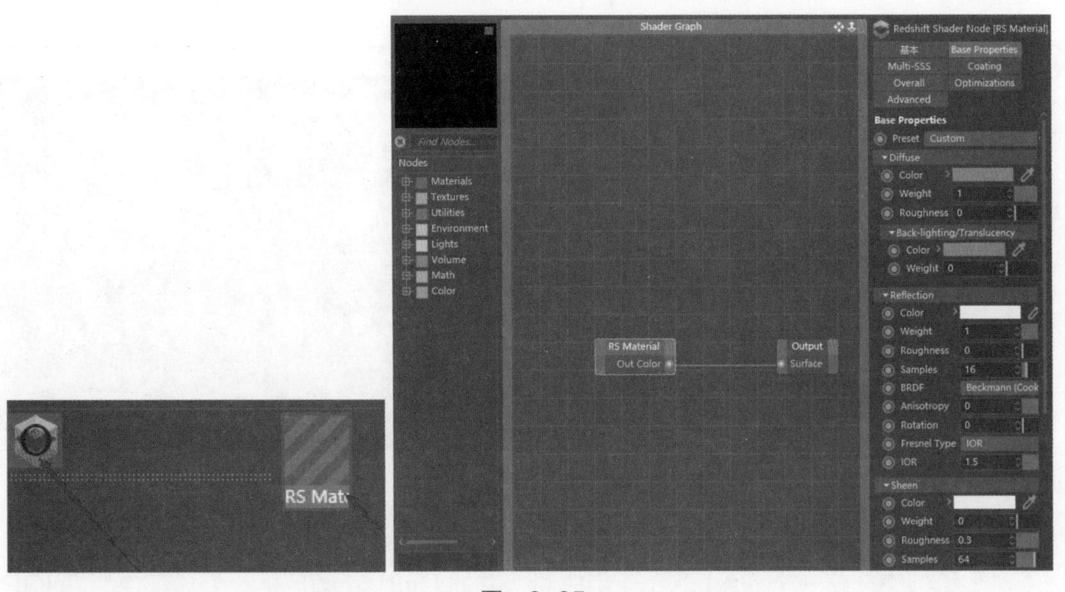

图 3-35

2）地面为白色带斑点的纹理，直接贴到材质 Diffuse，贴图可以直接百度搜索“水磨石”就可以找到，注意斑点纹理不要太大，否则会影响视觉，弱化主体物，易造成视觉混乱。可以通过调整贴图 Scale 尺寸对贴图大小进行调整，数值越大，贴图越小，如图 3-36 所示。

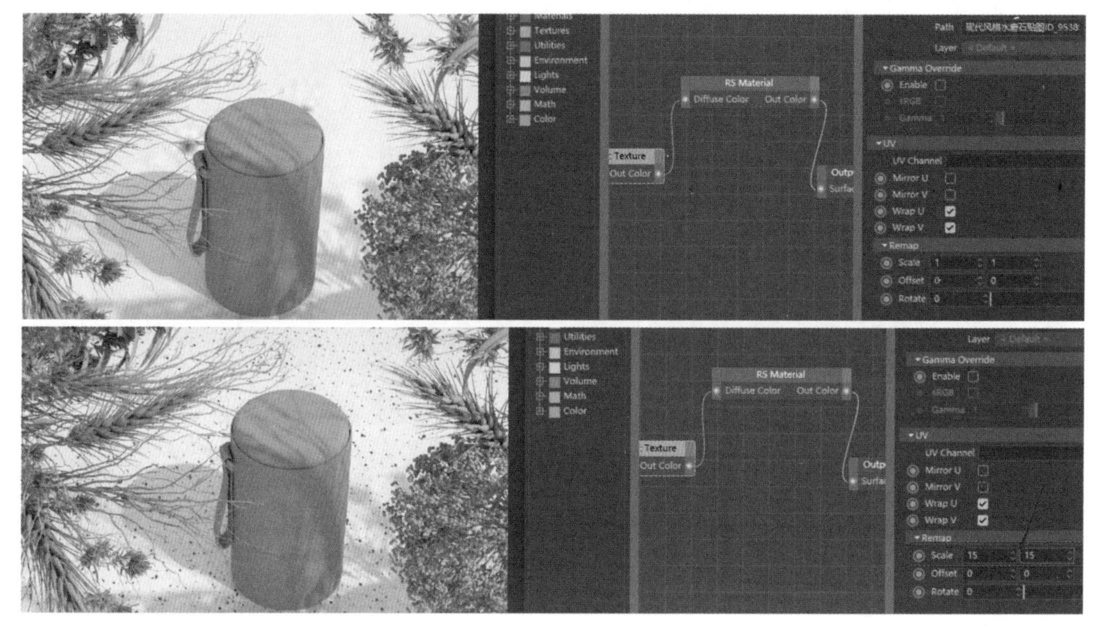

图 3-36

2. 树枝材质调节

给树枝创建一个 Redshift 通用材质，并把 Diffuse 颜色更改为粉红色，如图 3-37 所示。

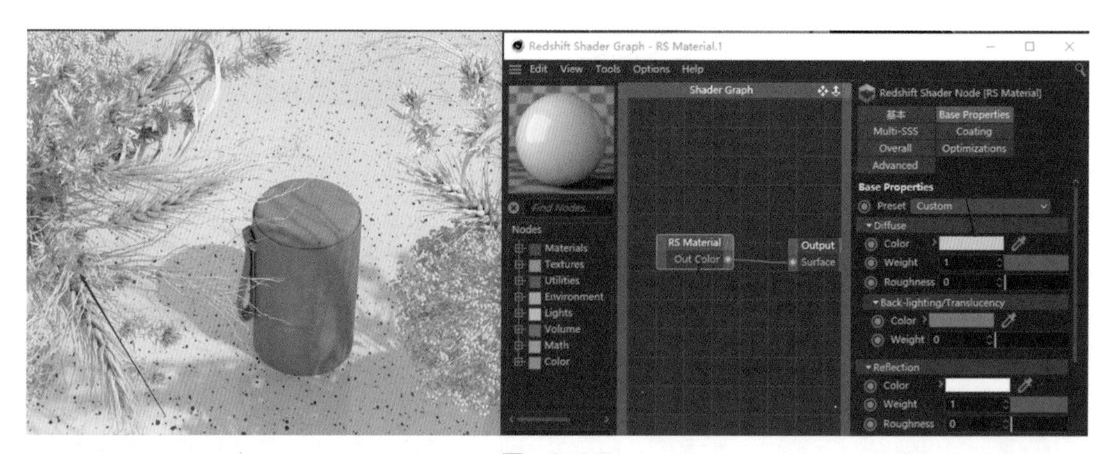

图 3-37

3. 音箱主体调节

1）给外壳创建一个 Redshift 通用材质，并把 Diffuse 颜色更改为粉红色，把 IOR

（反射）提高，和树枝材质做一个区分，颜色饱和度也要高于树枝材质，这样可以保证视觉中心在主体物上，如图 3-38 所示。

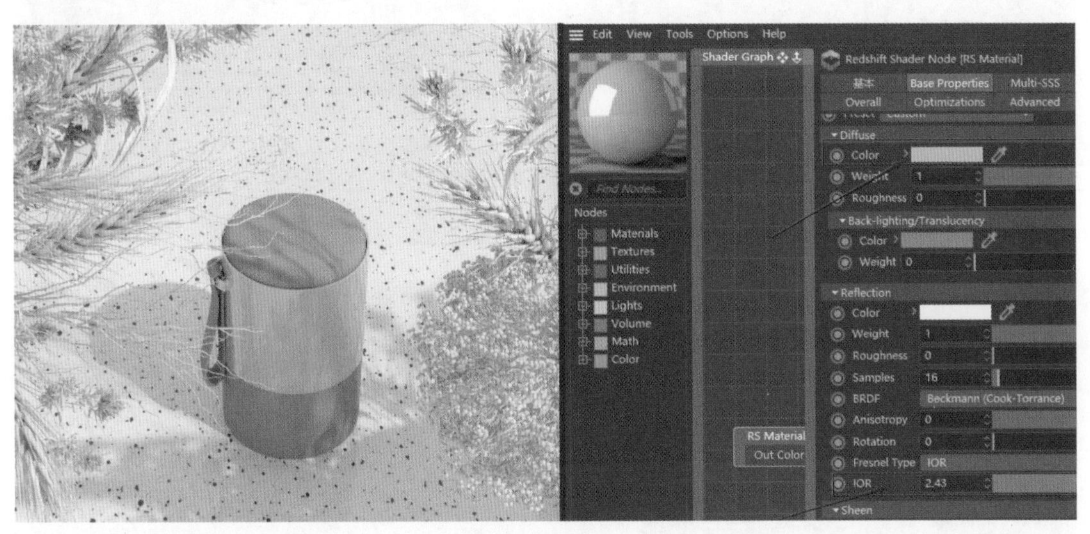

图 3-38

2）音箱网孔需要用到布纹贴图。给网孔部分先创建一个同样材质，把颜色调为白色，然后把对应的贴图贴上，如图 3-39 所示。

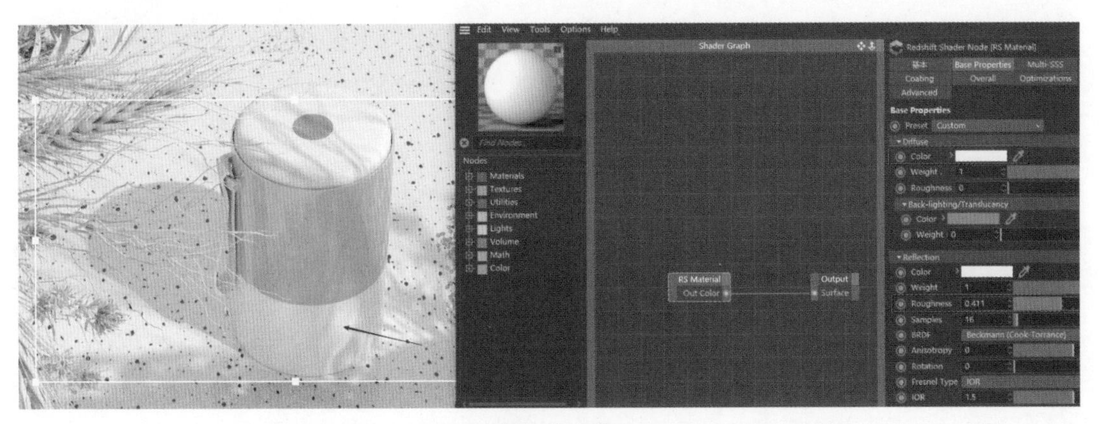

图 3-39

3）凹凸贴图使用时需要先在外左侧紫色标签 Utilities 中找到 Bump Map，作为 Normal 贴图的中转贴图，可以控制贴图凹凸的高度，如图 3-40 所示。

4）单击 Bump Map 对输入类型进行更改，改为第二种类型，并把凹凸高度调整为 0.2，如图 3-41 所示。

5）AO 贴图和粗糙度贴图，可以按贴图方式对应贴上，贴图方式适用于所有渲染器。

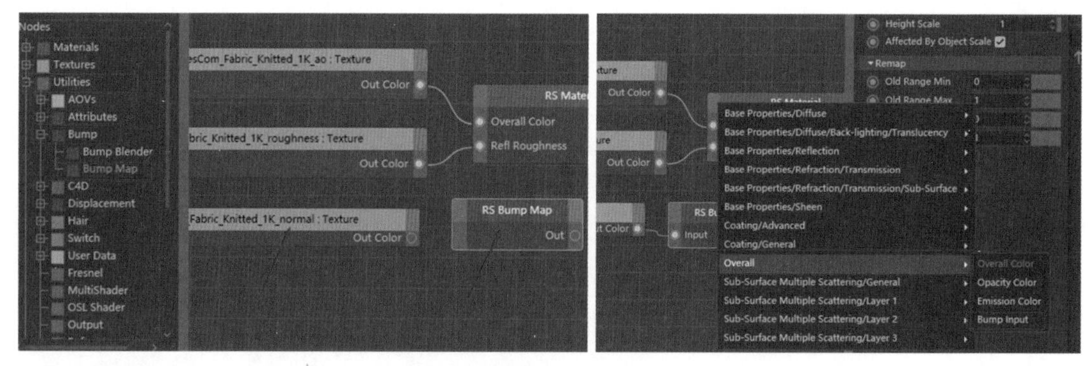

图　3-40

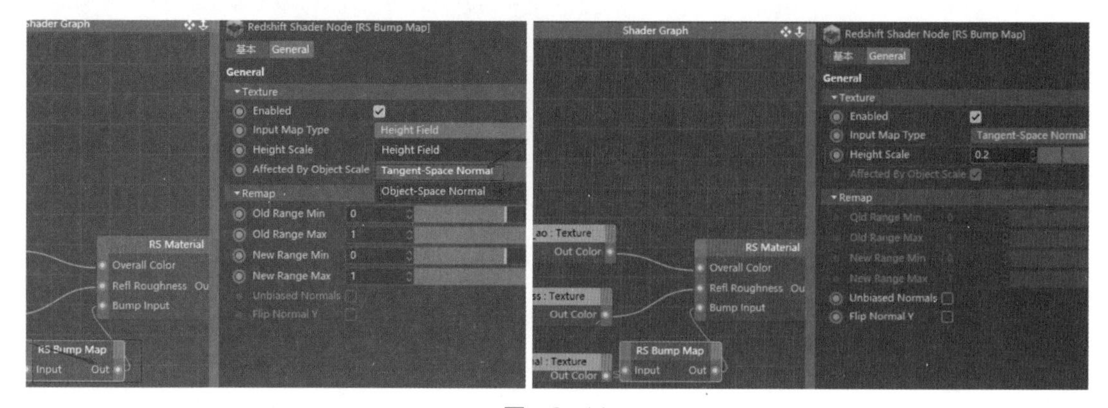

图　3-41

4. 贴图方式

COL/Diffuse：漫反射贴图。

GLOSS/Glossiness：光泽度贴图。

Height/Displacement/Disp：高度 / 深度贴图。

NRM/Normal：法线贴图。

REFL/Reflection：反射贴图。

AO/AmbientOcclusion：环境遮挡贴图。

Specular Map：高光贴图。

对应贴到：Diffuse（漫反射）。

对应贴到：Glossiness（粗糙度、光泽度）。

对应贴到：Displacement（置换、移位）。

对应贴到：Normal（法线、凹凸）。

对应贴到：Reflection weight（反射强度）。

对应贴到：遮挡、Overall Color（整体颜色）。

对应贴到：高光、反射强度。

1）贴完后的效果，如图 3-42 所示。

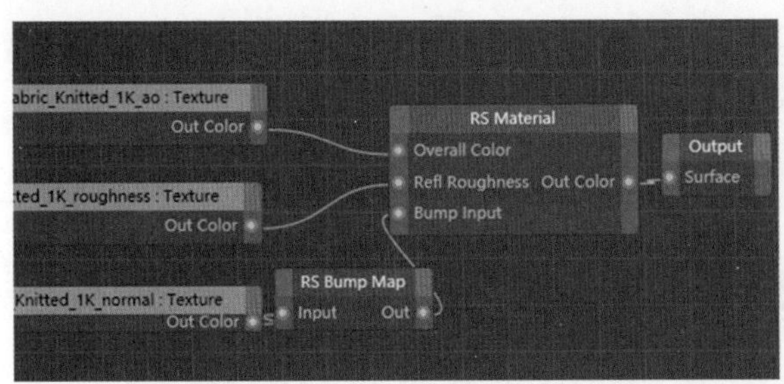

图 3-42

2）把做好的网孔材质给提手部件，再给下部外壳创建一个 Redshift 通用材质，并把 Diffuse 颜色更改为白色，如图 3-43 所示。

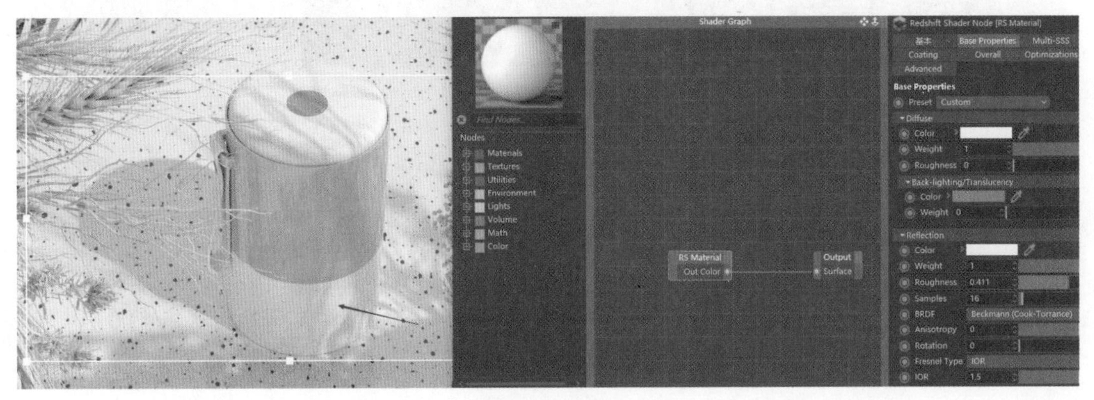

图 3-43

3）材质部分基本完成，整体效果如图 3-44 所示。如果主体物不够突出，可以对颜色光影进行微调。

4）通过图 3-44 可以看出左右辅助物体有点偏向对称，可以微调一下位置，拉大它们的对比，如图 3-45 所示。

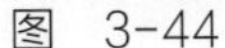

图 3-44

图 3-45

3.1.11 渲染输出

1）回到需要渲染的摄像机视角，进入渲染设置，对分辨率进行调整，修改为 2500×2500 像素，把输出模式改为 Advanced，修改好后可以单击“渲染到图像查看器”，如图 3-46 所示。

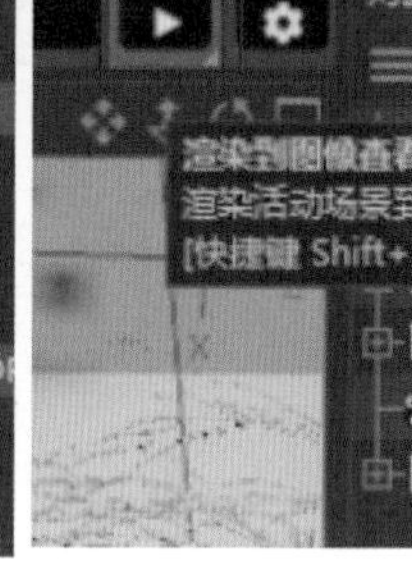

图 3-46

2）渲染完成后保存即可，格式可以自己选择，如图 3-47 所示。

图 3-47

3.1.12 渲染效果图展示

使用 Photoshop 把除主体物外的其他物体进行模糊，使主体物更加突出，如图 3-48 所示。

图 3-48

3.2 Cinema 4D 案例：化妆品

本节以制作一个化妆品为例（见图 3-49），介绍模型创建、模型修改、场景搭建、场景布光、材质调节和渲染输出等。通过对本案例的学习，读者可以了解化妆瓶的打光要点，材质表达技巧，以及灯光排除的实际运用。

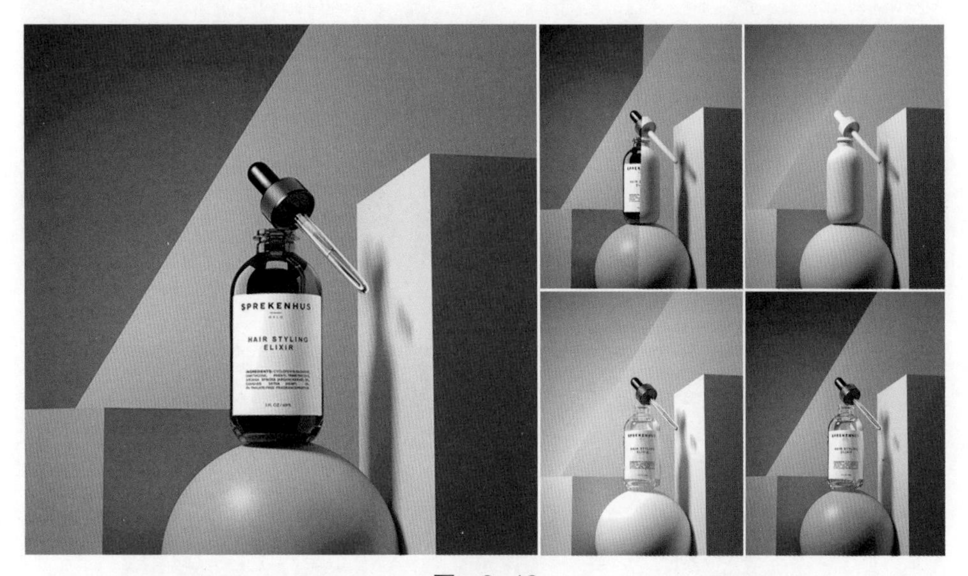

图 3-49

本案例知识点：产品建模、场景搭建、玻璃材质调节、场景打光、玻璃材质打光、产品后期。

3.2.1 瓶体模型创建

模型分析：

瓶体部分：外部玻璃 + 内部液体 + 标签。

瓶盖部分：塑料头部 + 吸管部分。

1. 外部玻璃建模

1）建模时如果有参考图，可以把背景图拖入对应的模型视窗，添加一个圆柱体对背景图进行对齐（这样做是为了让创建的模型中心对称，因为创建的基本体属于中心对称），按 <Alt+V> 键进入视窗属性面板，进行背景图参数调节，如图 3-50 所示。

2）调整好长宽比例，转为可编辑对象，如图 3-51 所示。

3）选择底部的边缘，右键选择“倒角”命令，倒角细分为 2，如图 3-52 所示。

4）选择顶部的面并删除，如图 3-53 所示。

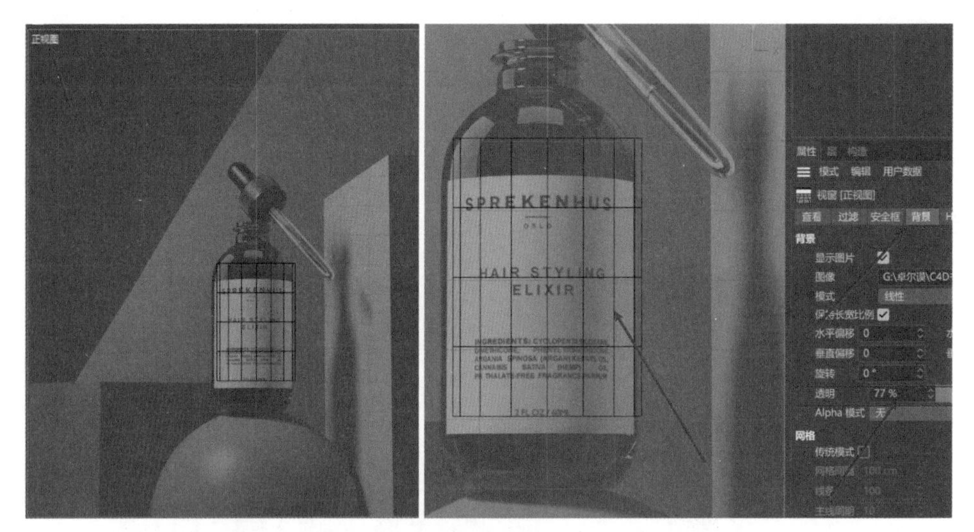

图　3-50

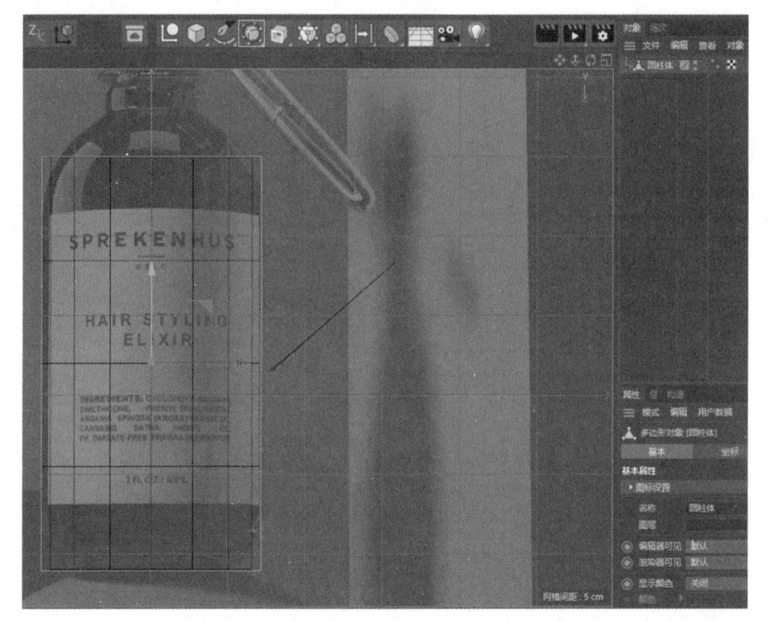

图　3-51

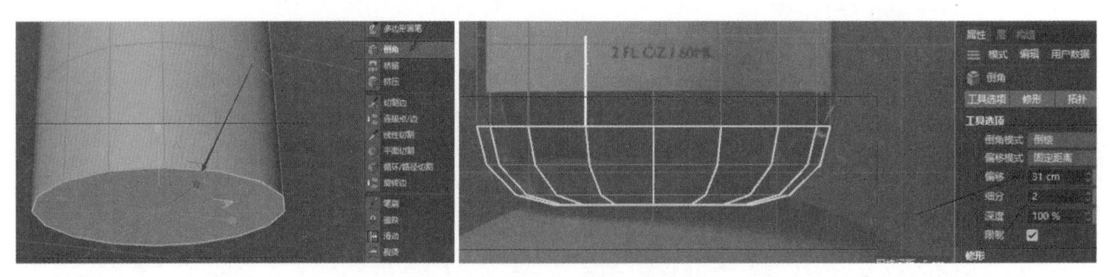

图　3-52

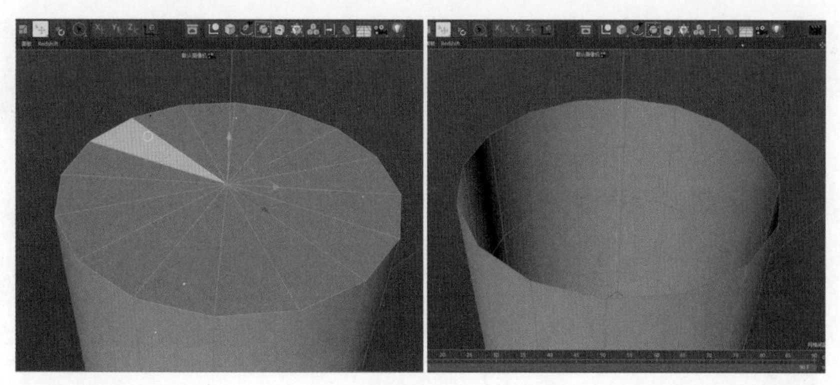

图 3-53

5）选择顶部边缘，转到正视图，对照参考图，进行造型调整。按住 <Ctrl> 键进行移动或者缩放，可以在原来的基础上生成新曲面，如图 3-54 所示。

图 3-54

6）大型做好后可以通过“循环 / 路径切割”命令切出中间需要凸起的部位，然后通过“挤压”命令挤压出中间凸起的部位，如图 3-55 所示。

7）全选所有面。通过“挤压”命令向内挤压，记得勾选“创建封顶”，如图 3-56 所示。

8）对瓶口进行卡边处理。如图 3-57 所示，采用倒角的方式进行卡边。

9）完成外部玻璃建模，添加细分，效果如图 3-58 所示。

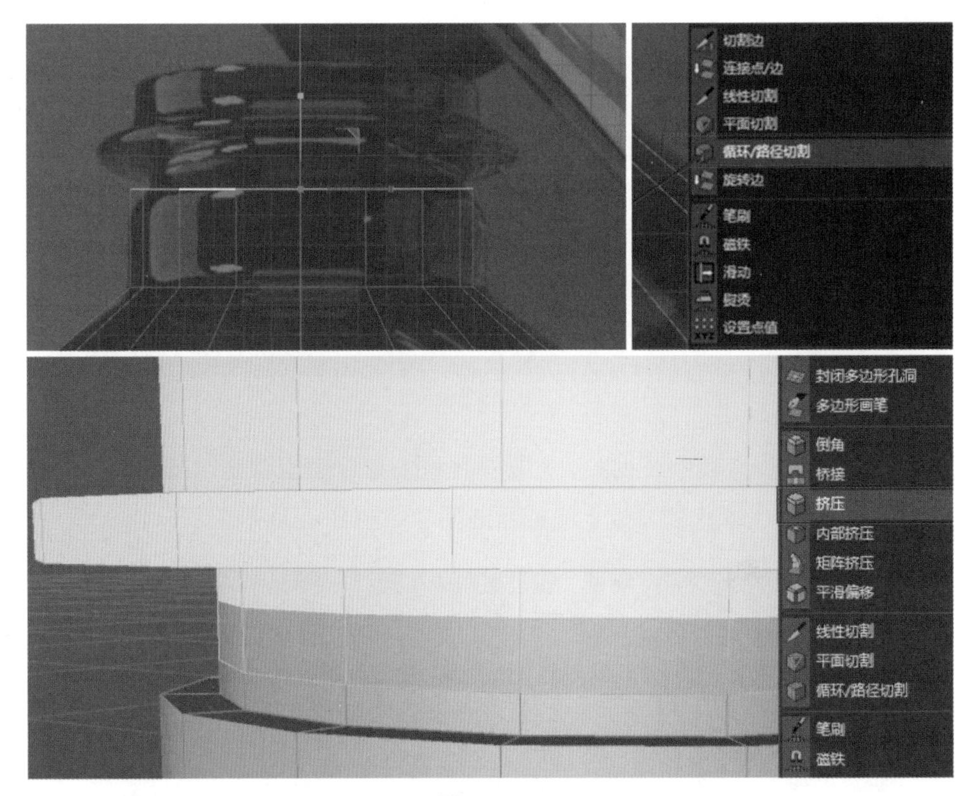

图 3-55

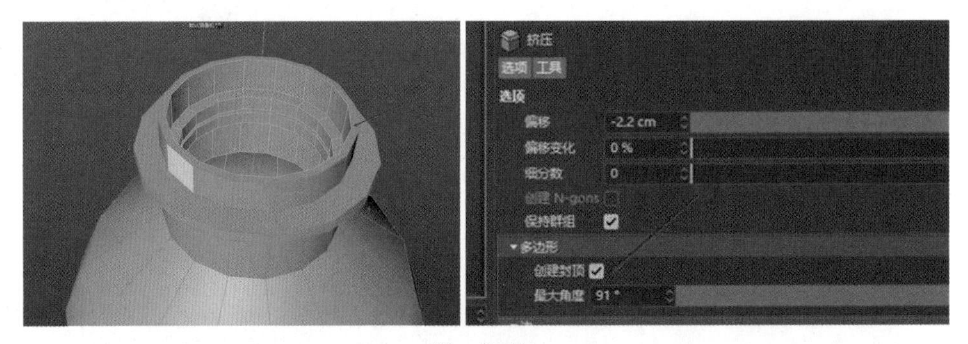

图 3-56

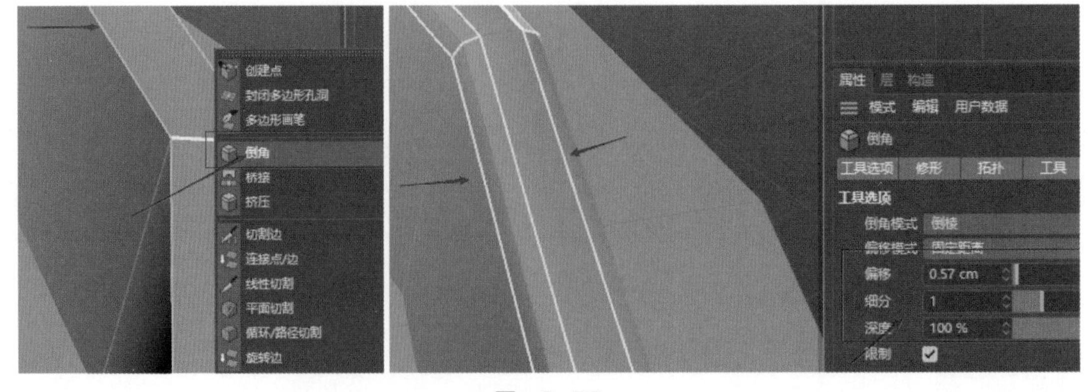

图 3-57

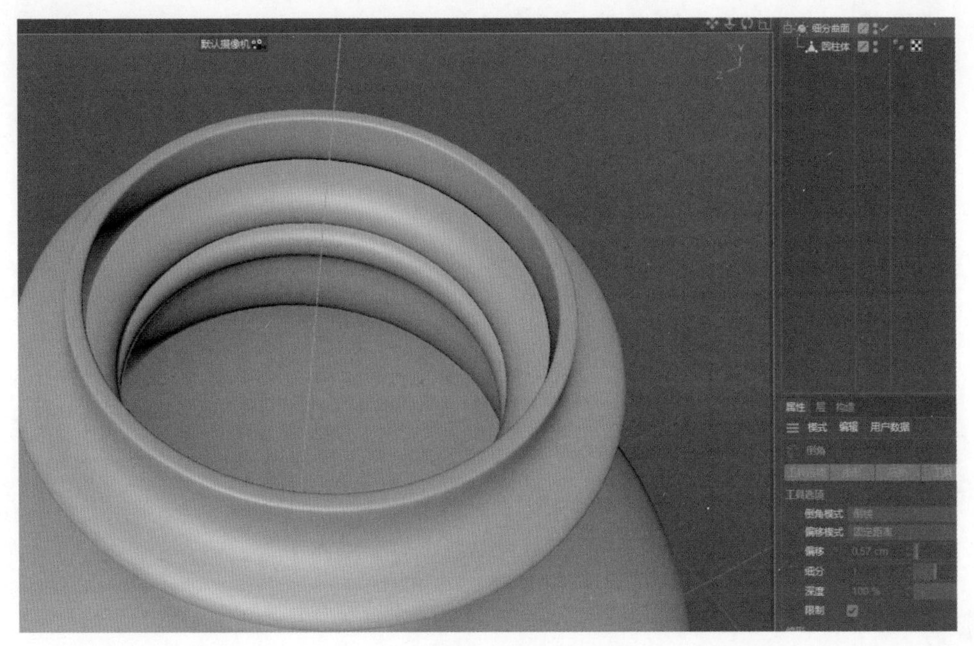

图 3-58

2. 内部液体建模

1）确定液体高度，选择瓶内与液体面积一样的部位，如图 3-59 所示。通过确定液体高度的位置，选择相对应的曲线，进行“填充选择”得到想要的部件范围（注意：选择的是瓶内壁的面，可以保证液体部件与玻璃部件完全贴合）。

图 3-59

2）通过“分裂”命令得到内部液体的部件，并改名为“液体”，如图 3-60 所示。

3）选择“独显”，单独显示这个部件，便于编辑，如图 3-61 所示。

4）对液体部件进行封顶。通过“缩放”命令，或按住 <Ctrl+Shift> 键进行缩放，直到缩放到 0。右键优化一次，由于水有张力，会形成从边缘到中间，依次是高、低、高的状态，所以需要用“循环 / 路径切割”命令加边，对形态进行调整，如图 3-62 所示。

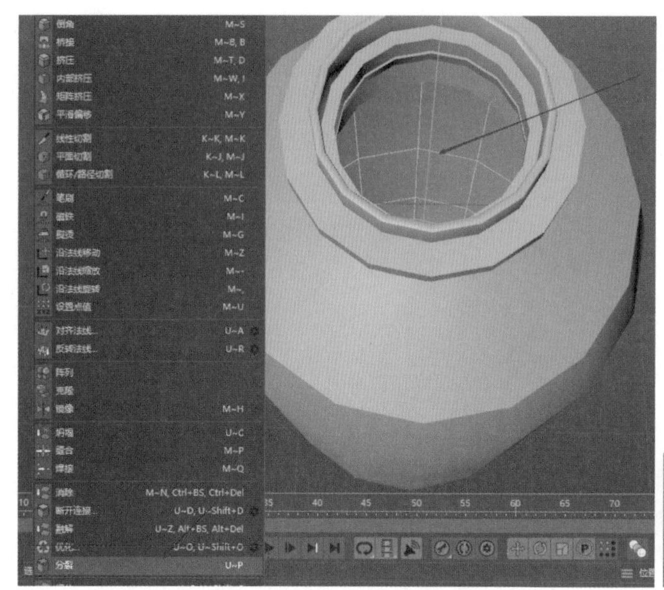

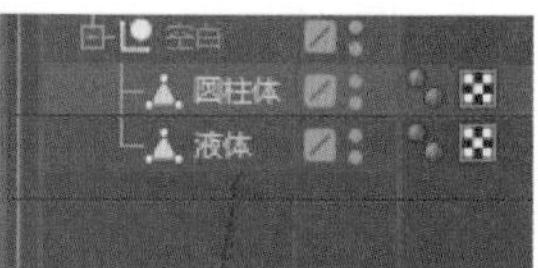

图 3-60

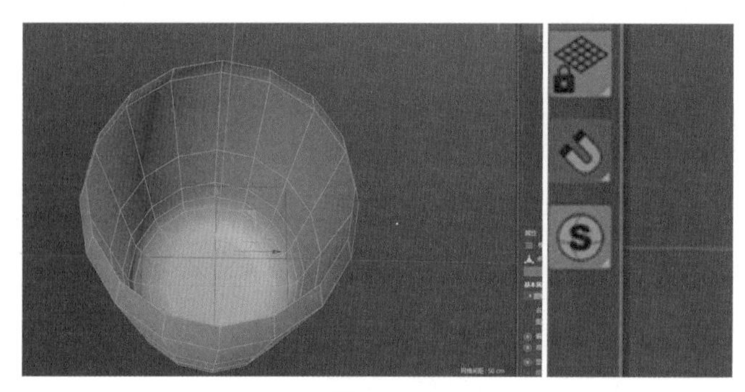

图 3-61

图 3-62

3. 标签建模

选择瓶体外部的曲面，选择标签需要的范围，通过选择工具中的“设置选集”，设置需要贴标签的范围，如图 3-63 所示。

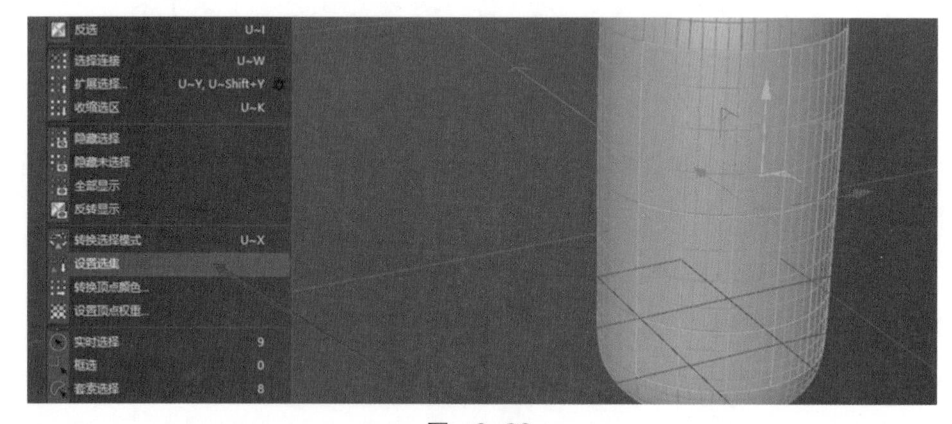

图 3-63

3.2.2 瓶盖模型创建

1. 塑料部件建模

1）创建圆柱体块，更名为“瓶盖”，调整好对应的比例，转为可编辑对象，删除顶部的面，如图 3-64 所示。

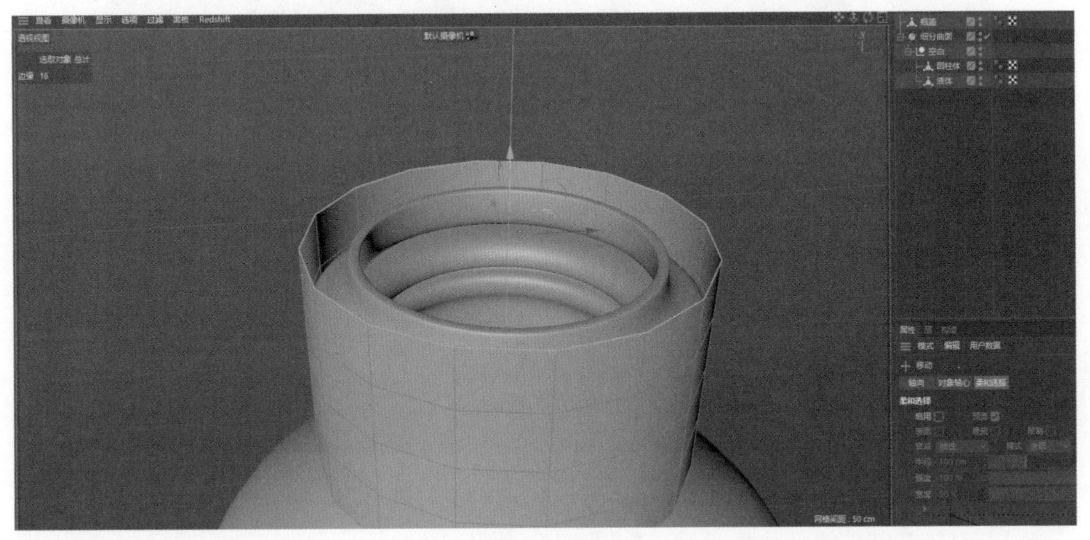

图 3-64

2）按住 <Ctrl> 键进行缩放和移动，得到想要的造型，操作和之前一样。最后添加细分，结果如图 3-65 所示。

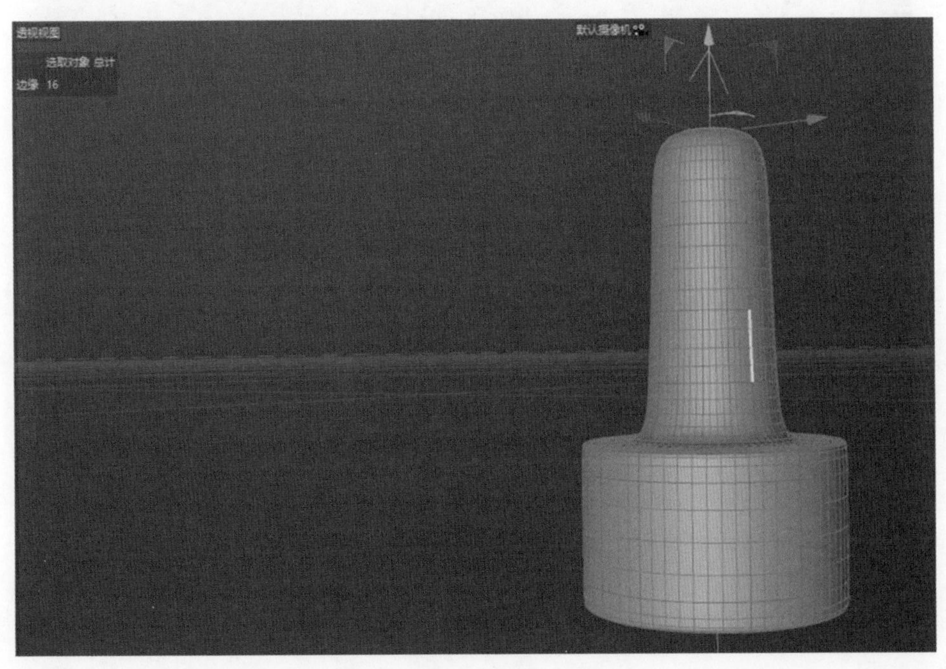

图 3-65

3）底部以同样的方式做成内凹的形态，如图 3-66 所示。

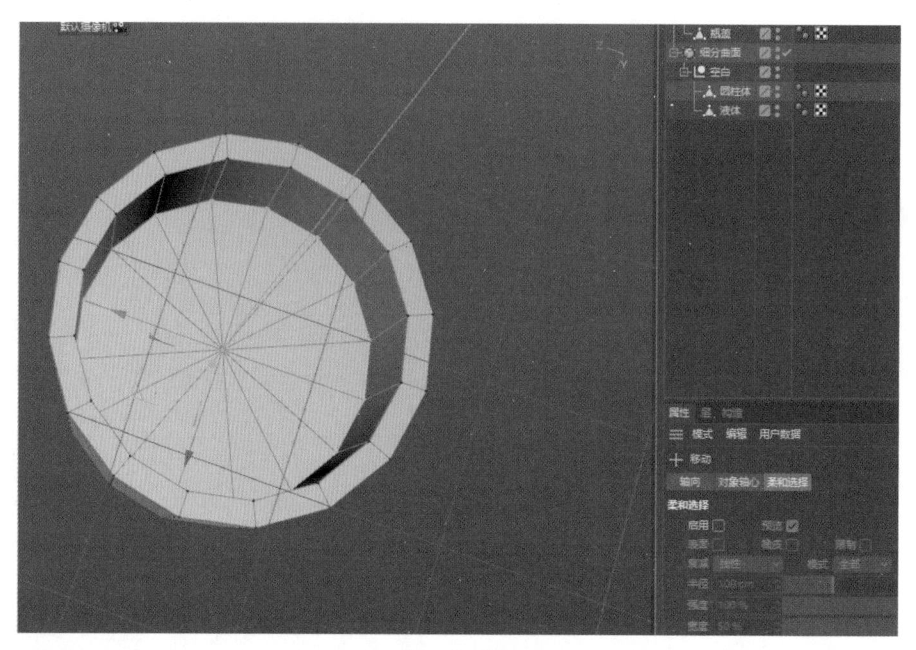

图 3-66

4）对转折部位进行倒角处理，如图 3-67 所示。

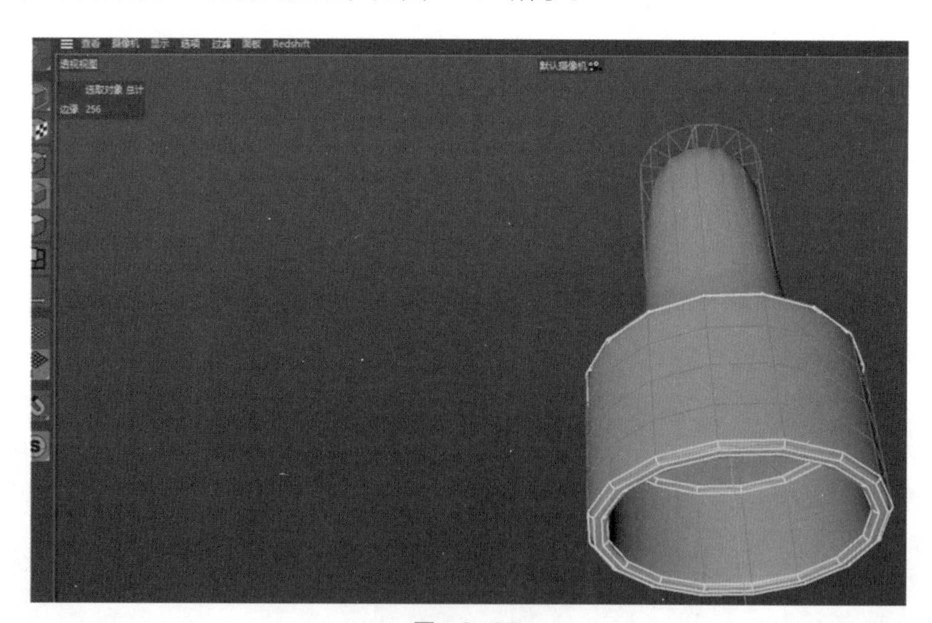

图 3-67

5）添加细分并执行“连接对象＋删除”命令，如图 3-68 所示。

注意：转为可编辑对象前记得复制隐藏备份一份。

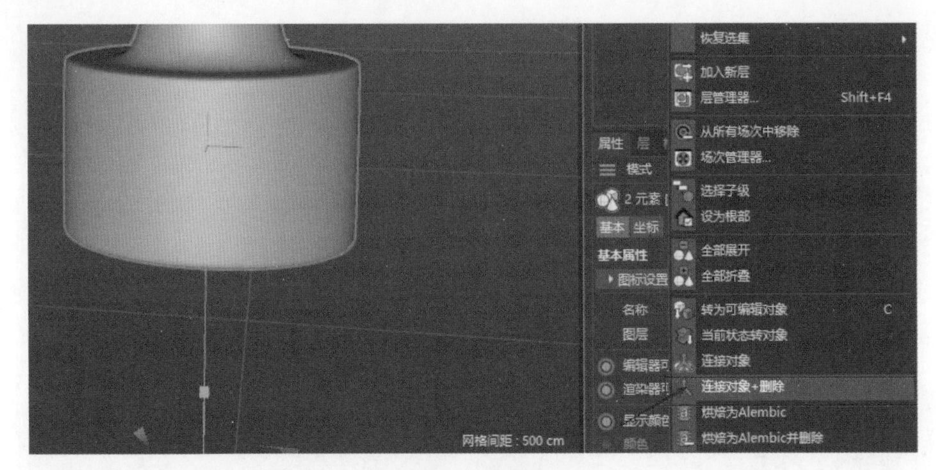

图 3-68

6）选择中间部分的曲线消除，如图 3-69 所示。

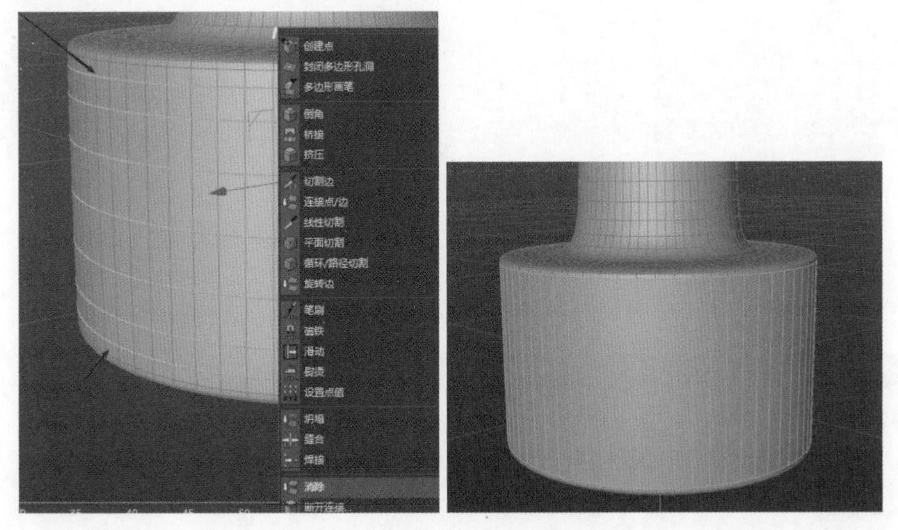

图 3-69

7）通过“内部挤压”命令得到第一条卡边，如图 3-70 所示。

注意：需要进行两次内部挤压，每挤压一次会多出一条曲线。

8）使用“挤压”命令向外挤压一次，距离比较近的作为卡边使用的边，接着往外挤压两次，再进行一次内部挤压，作为顶面的卡边，如图 3-71 所示。

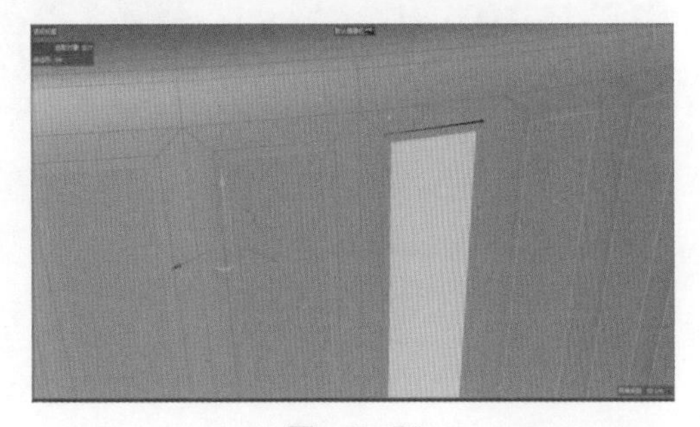

图 3-70

注意：挤压时“创建封顶”需要取消勾选。

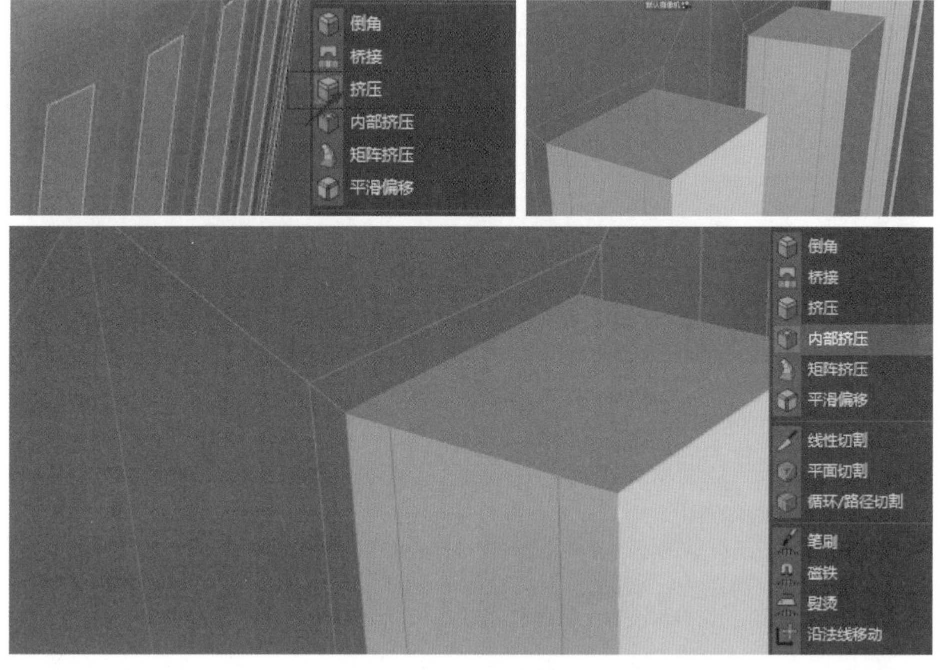

图 3-71

9）使用“循环 / 路径切割”命令进行卡边，卡边处理如图 3-72 所示。

10）添加细分，效果如图 3-73 所示。

图 3-72

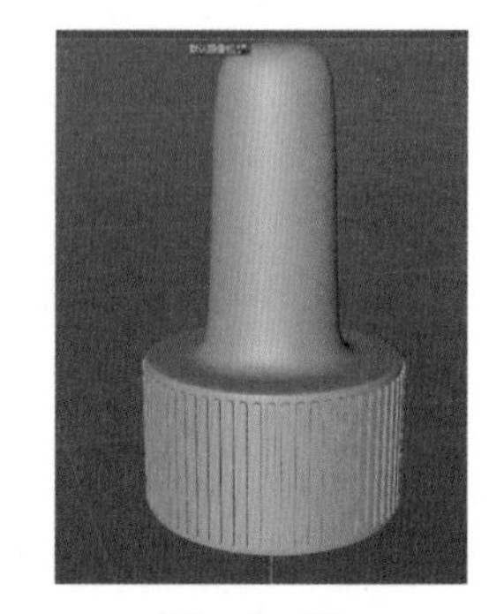

图 3-73

2. 吸管部件建模

1）创建圆柱体块，更名为“吸管”，调整好对应的比例，转为可编辑对象，删除顶部的面，如图 3-74 所示。

2）对吸管底部进行倒角处理，如图 3-75 所示。

3）吸管内部液体部分建模，和瓶中液体建模一样，选择液体范围，通过“分裂”命令得到液体部件，并改名为“液体”，如图 3-76 所示。

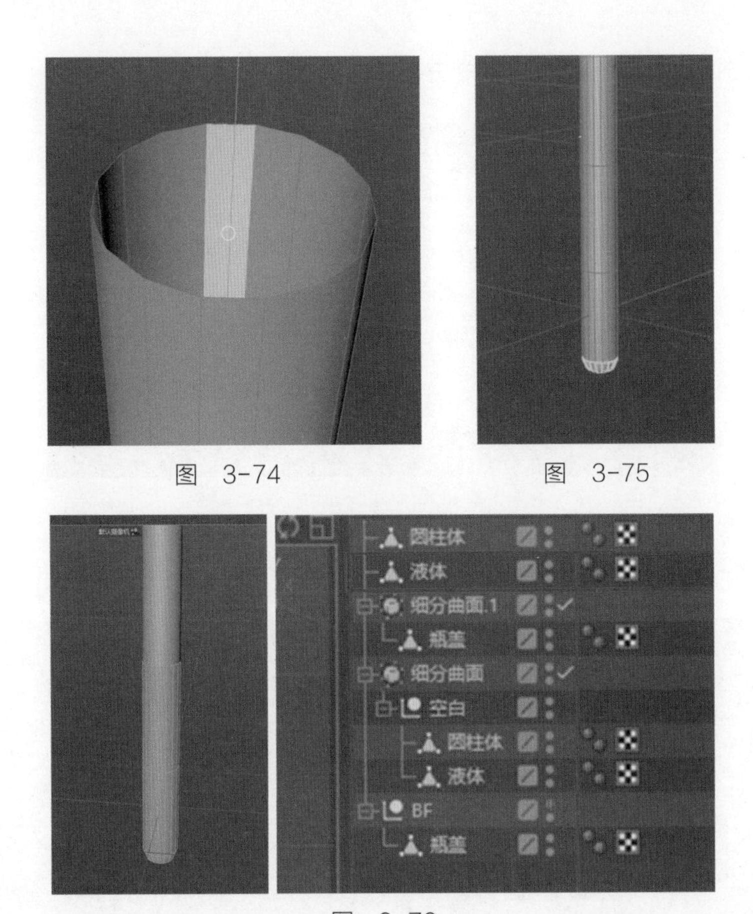

图 3-74　　图 3-75

图 3-76

4）选择管身所有曲面，向外进行挤压，并勾选“创建封顶”，如图 3-77 所示。

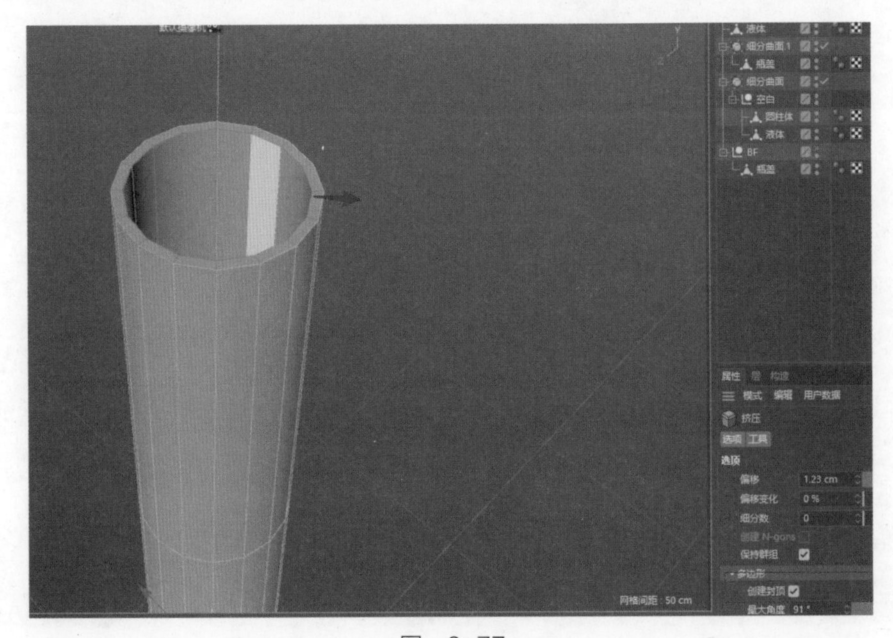

图 3-77

5）通过“循环 / 路径切割”命令进行卡边处理，如图 3-78 所示。

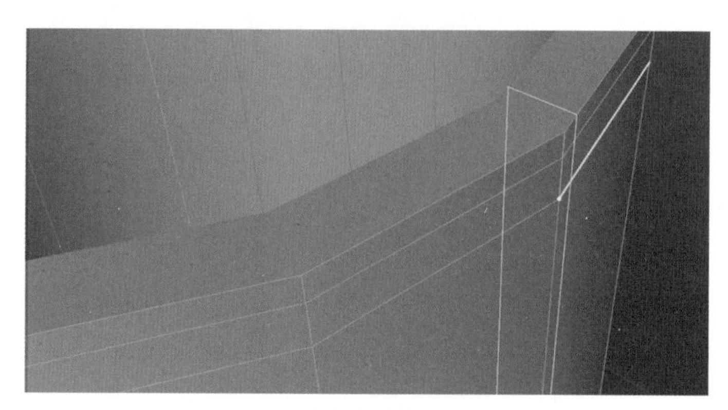

图 3-78

6）对液体部件进行独显，和瓶内液体封顶方法一样，如图 3-79 所示。

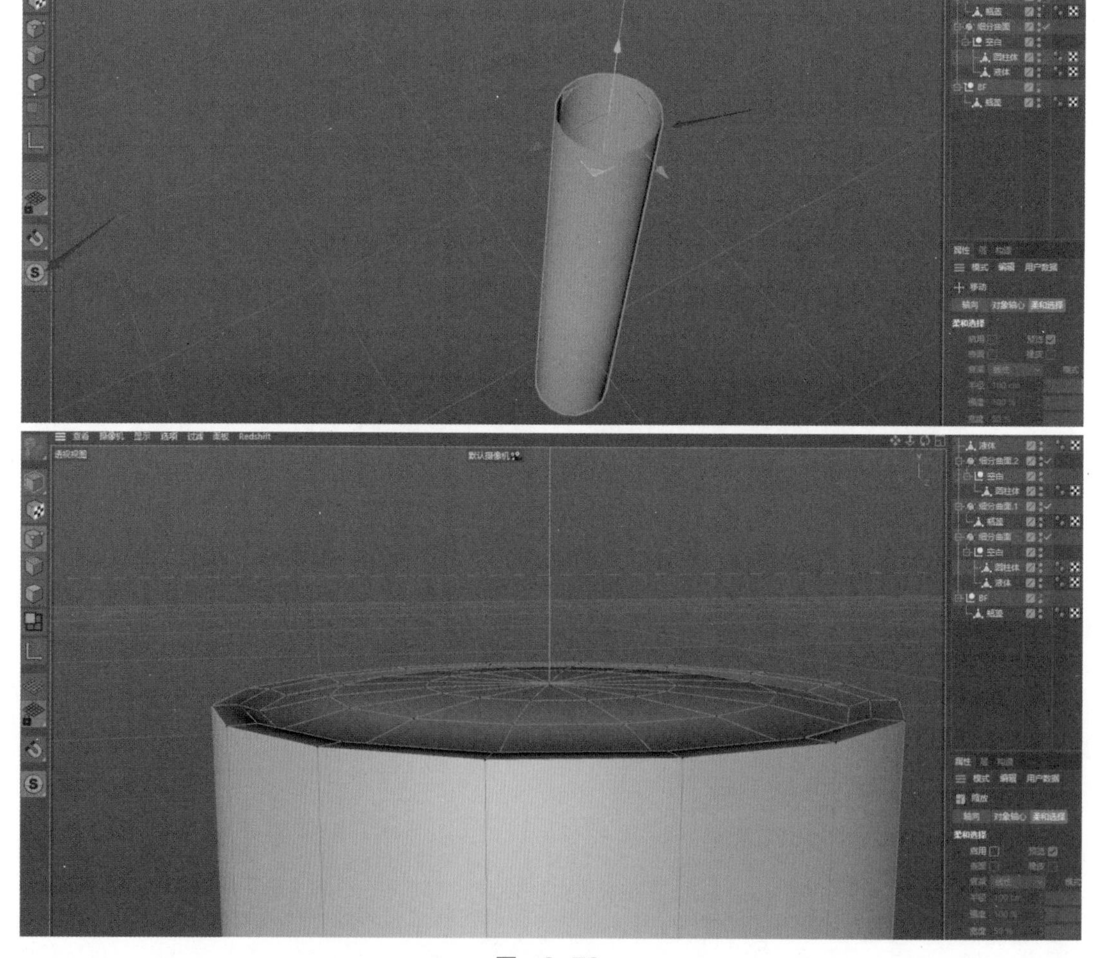

图 3-79

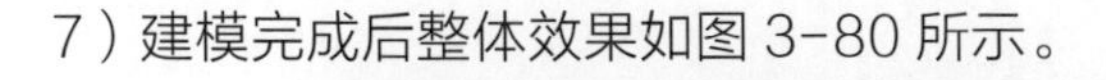

7）建模完成后整体效果如图 3-80 所示。

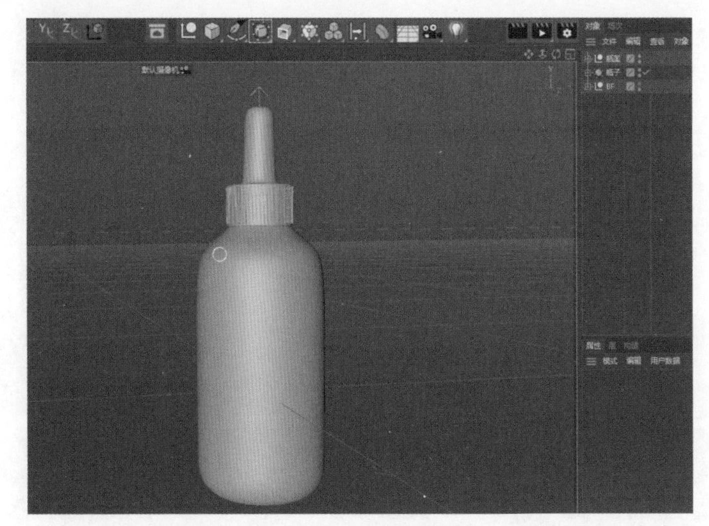

图 3-80

8）查看整体效果后，进行渲染。

3.2.3 几何场景创建

产品属于修长类型，所以采取竖构图，体现出产品修长的特性，搭配几何场景时注意，几何体需要和产品进行呼应，并且需有对比（如 5 和 3），如果都是长方体会显得画面呆板，所以使用球体 4 进行画面第一步打破，接着后面的体块进行倾斜 2 打破整体规整的感觉。1 号板和 2 号板之间形成缝隙，使空间可以延续，如图 3-81 所示。

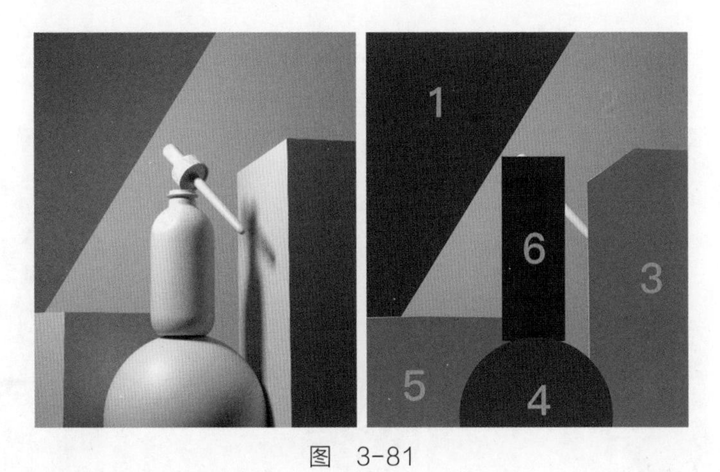

图 3-81

3.2.4 光与材质

1）确定相机后，打光时可以先创建一个白色磨砂材质。主光源位于画面左上角，使用 Area Light 制作主光源（注意：由于需要比较实的投影，所以需要把灯光面积减小，强度倍增加大），如图 3-82 所示。

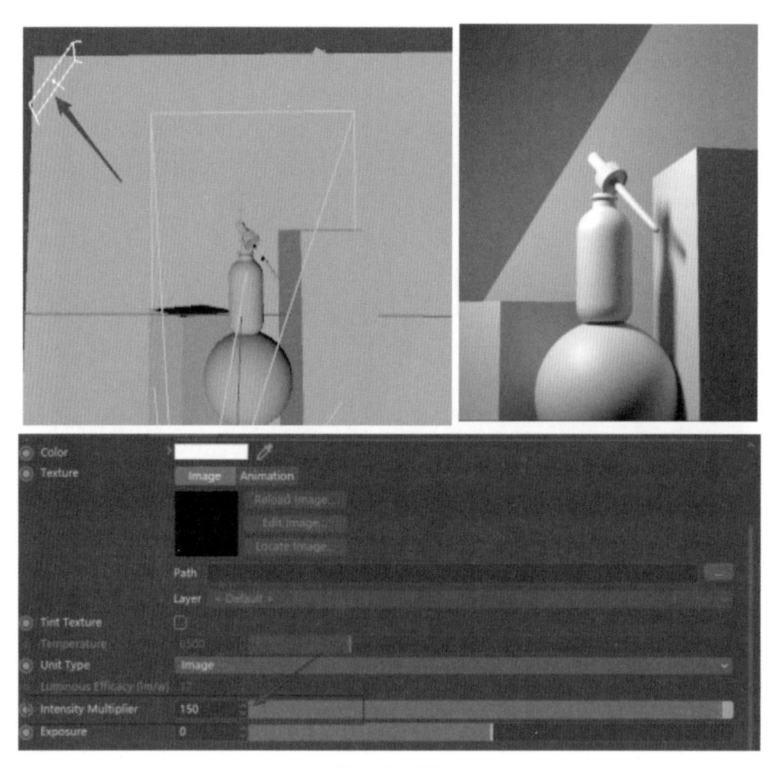

图 3-82

2）打完主光后，由于主体材质是玻璃材质，所以需要先创建材质，再进行灯光处理。先创建场景蓝色的塑料材质，再创建主体玻璃和液体材质，调节玻璃材质时，需要把漫反射强度关掉，反射强度改为 1，颜色为褐色，内部液体只需要复制玻璃的材质，并把 IOR 调高，如图 3-83 所示。

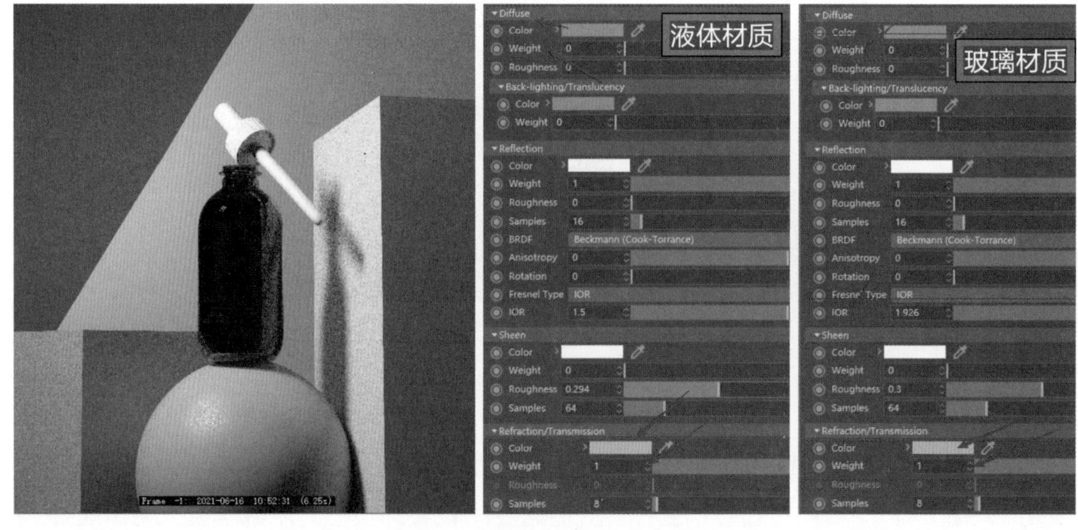

图 3-83

3）创建上瓶盖的塑料材质，如图 3-84 所示。

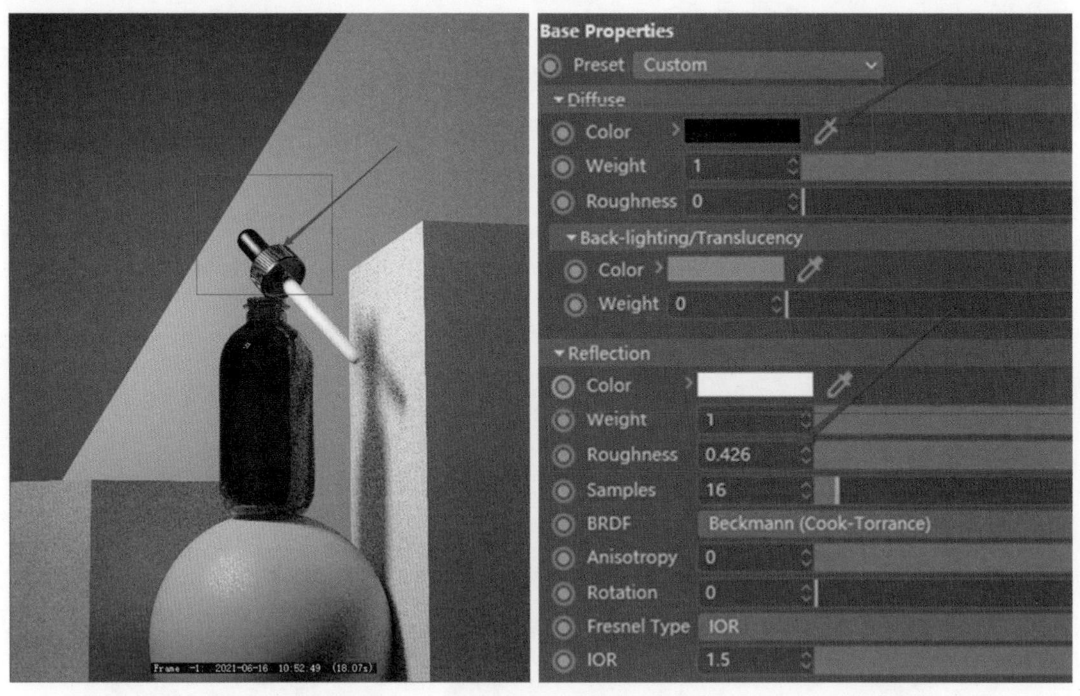

图 3-84

4）创建上瓶盖的玻璃和液体材质，创建液体材质时只需要在玻璃材质的基础上调高 IOR 值，如图 3-85 所示。

图 3-85

5）根据画面效果可以看出产品效果比较平，需要在主体物左侧加上一盏光，让产品更加饱满，如图 3-86 所示。

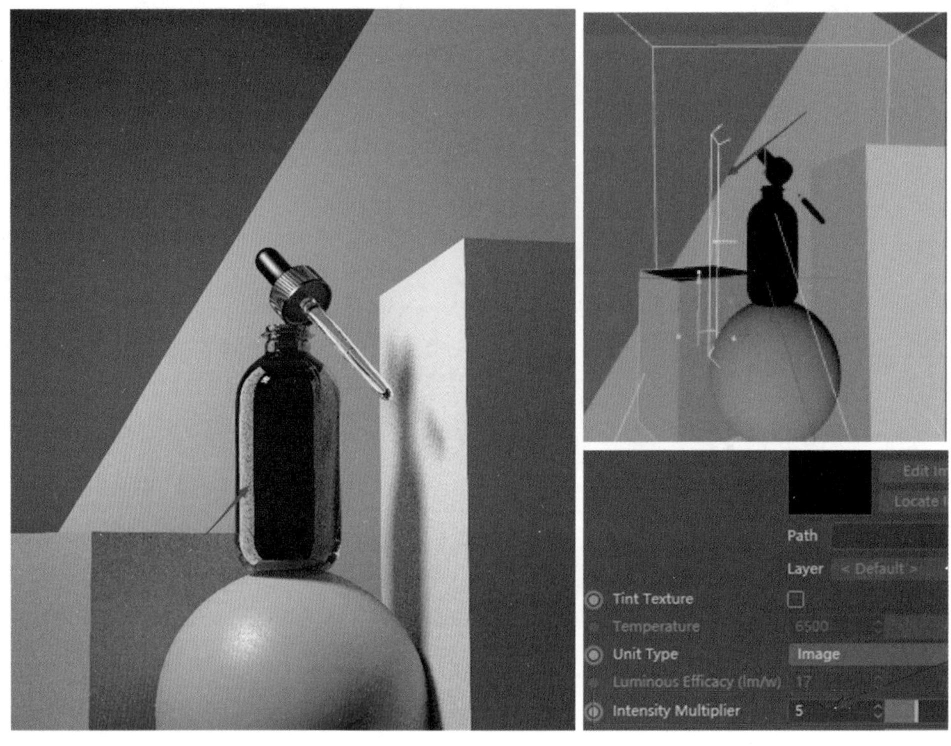

图 3-86

6）再在顶部加一盏光，让瓶子的转折更加立体，如图 3-87 所示。

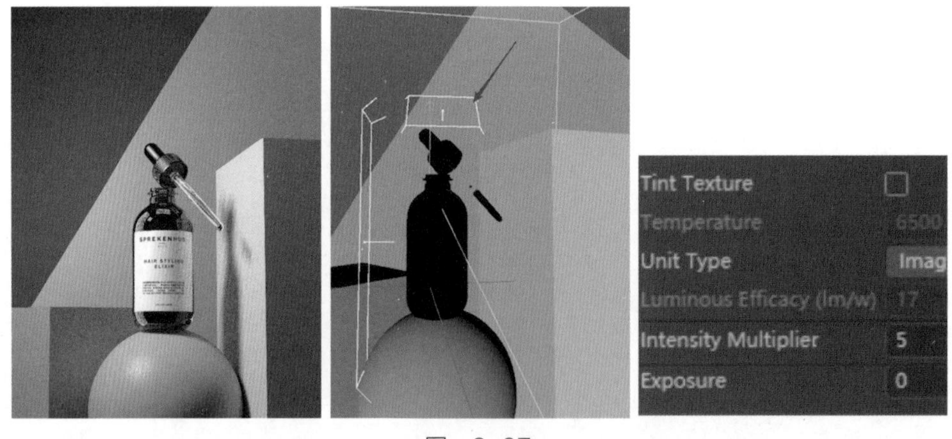

图 3-87

7）最后在选集上设置标签贴图（注意：选集是最开始建模时，选取的标签选集），直接贴到材质 Diffuse（漫反射）上，如图 3-88 所示。

8）整体效果如图 3-89 所示。

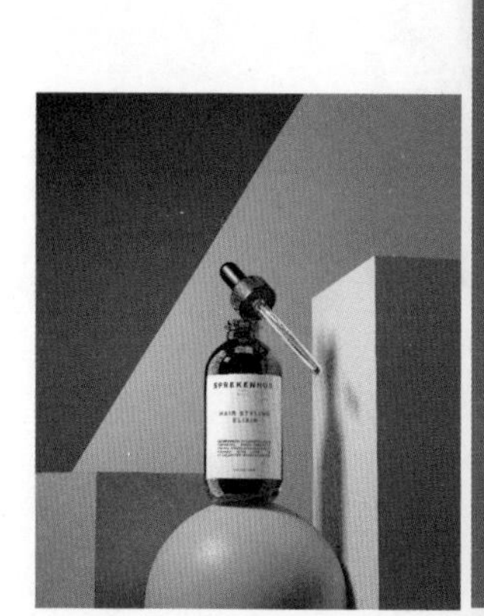

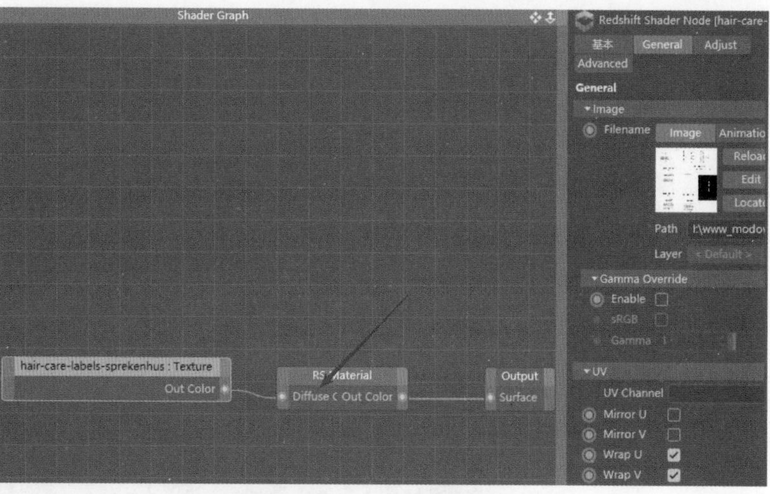

图 3-88

图 3-89

3.2.5 渲染输出

1）回到需要渲染的摄像机视角，进入渲染设置对分辨率进行调整，修改为 2500×2500 像素，把输出模式改为 Advanced，如图 3-90 所示。修改好后单击“渲染到图像查看器”。

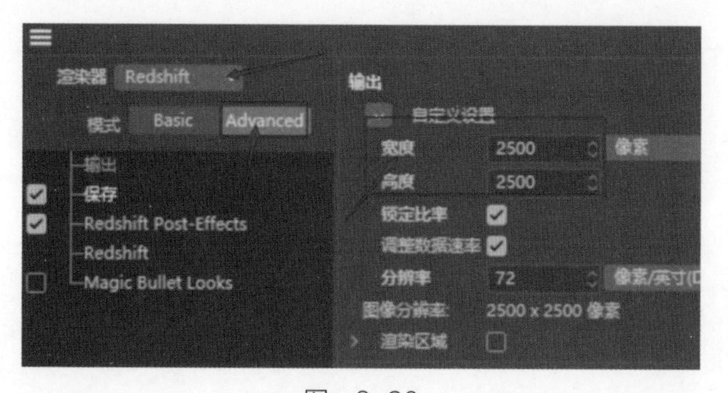

图 3-90

2）渲染完成后保存即可，格式可以自己选择，如图 3-91 所示。

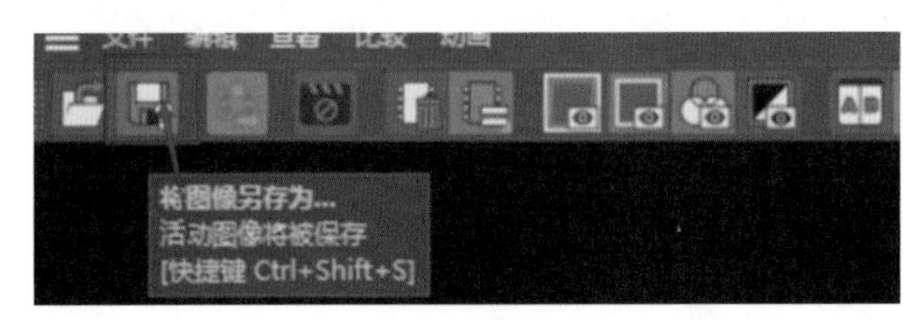

图 3-91

3.2.6 最终效果图展示

使用 Photoshop 调整色彩饱和度和对比度，最终效果图展示如图 3-92 所示。

图 3-92

3.3 Cinema 4D 案例：椅子

本节以制作一个家具类为例（见图 3-93），介绍模型创建、模型修改、场景搭建、场景布光、材质调节、UV 展开、贴图制作和渲染输出等。通过对本案例的学习，读者可以了解纹理贴图的制作，UV 展开方法和木纹、皮革材质的表达。

本案例知识点：缝合工具的使用、产品建模、坐垫建模、模型展开（UV）、贴图绘制、地垫建模。

图 3-93

3.3.1 框架建模

模型分析：框架 + 扶手 + 坐垫 + 靠垫 + 地垫。

1）框架部分建模时（注意：导入背景图方式可参考音箱案例），可以看出基本形是圆柱，先创建一个圆柱体，旋转分段改为 8，转为可编辑对象，并把封顶去除（注意：椅子腿的底部不要去除封顶的面，用于倒角用），然后复制并安放好位置，结果如图 3-94 所示。

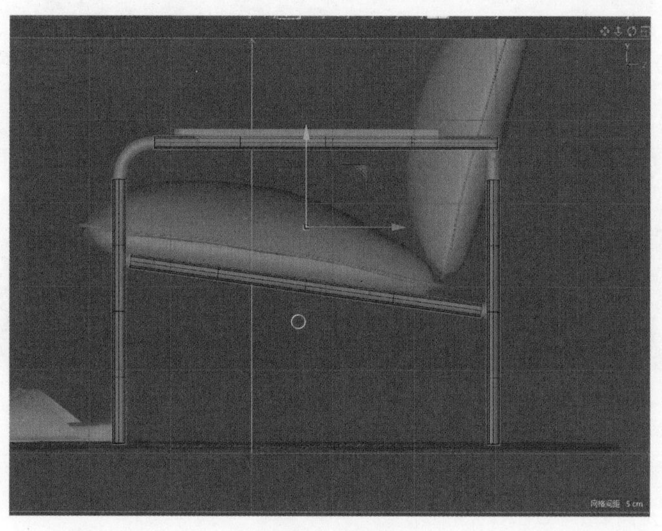

图 3-94

2）放置好位置后先把所有圆柱通过“连接对象 + 删除”命令变成一个对象。然后在需要连接的地方选择对应的边缘，右键选择“缝合”命令进行连接（注意：使用“缝合”命令时需要按住 <Shift> 键，同时单击一个边缘的点，对应拖到另一个边缘的点上），如图 3-95 所示。

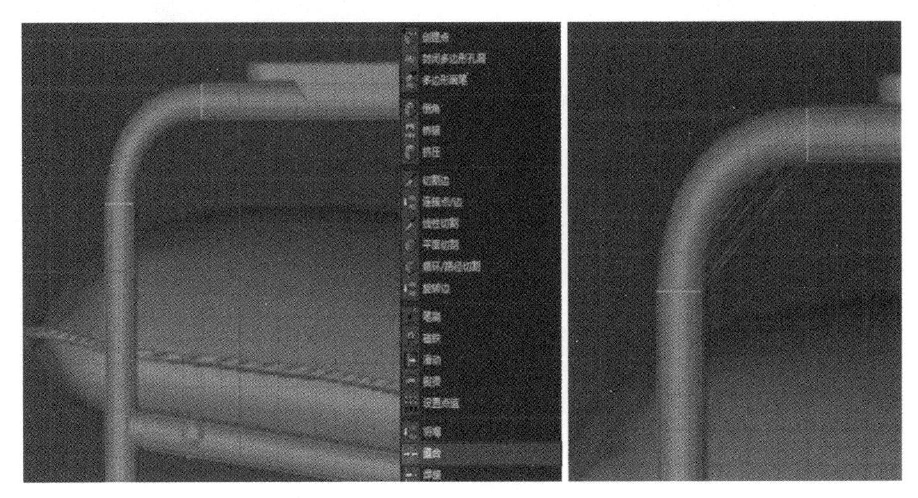

图 3-95

3）缝合完成后可得到一个大面，和造型并不吻合，可通过“循环 / 路径切割”命令添加边，并调动位置，得到符合的形态，结果如图 3-96 所示。

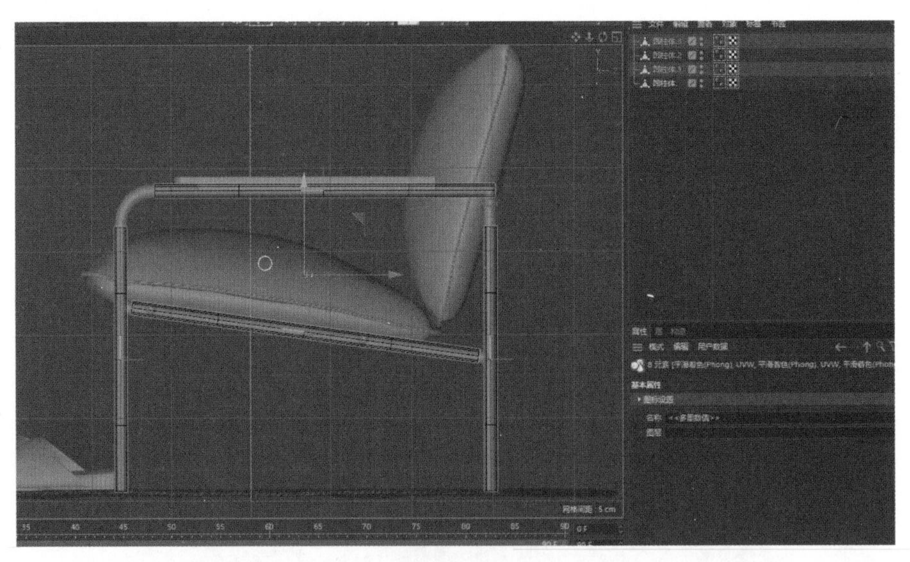

图 3-96

4）连接尾部的接口，尾部是直角转折，需要先调整好边缘的位置，再使用“缝合”命令进行连接，如图 3-97 所示。

5）中间连接时，要先对侧面的圆柱在对应的位置进行“循环 / 路径切割”三次，并把对应圆柱口的一侧的面删除，得到足够多的边，因为缝合时，对应边要相等，圆柱边缘是 8 边，在对面需要创造一样的边数，才能完成缝合，如图 3-98 所示。

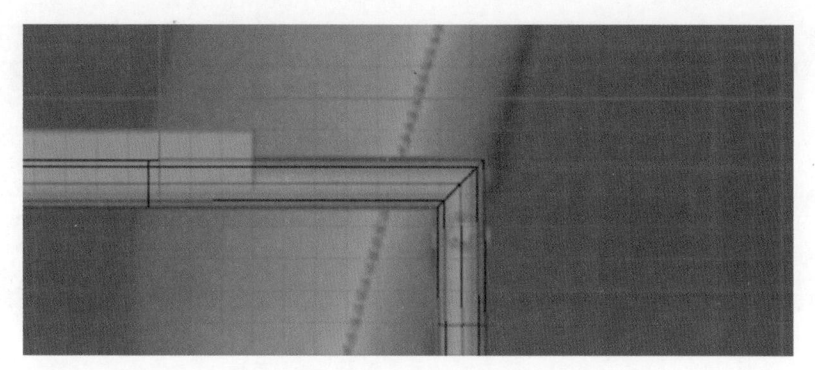

图 3-97

图 3-98

6）缝合完成后，需要通过“滑动”命令对点进行调整（注意：使用“滑动”命令时，鼠标左键按住需要调整的点，左右上下滑动，让曲面趋势平缓），如图 3-99 所示。

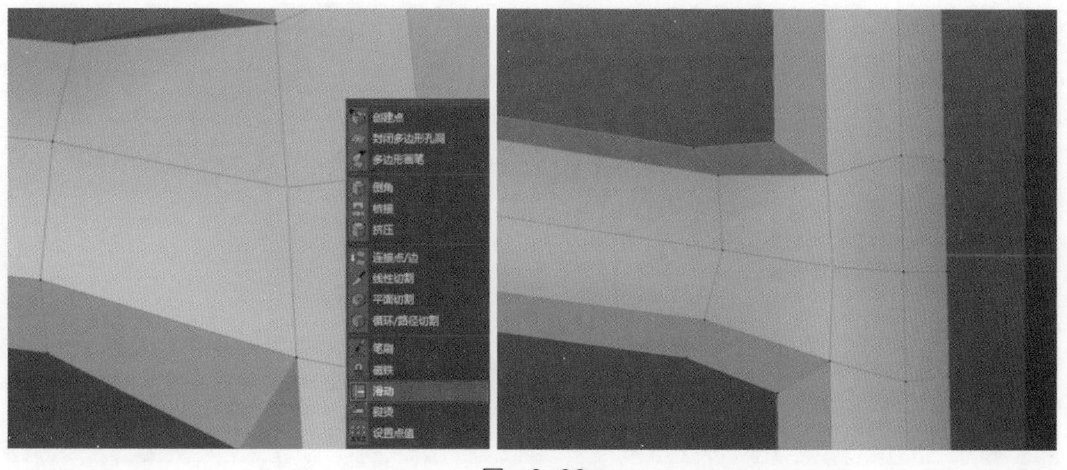

图 3-99

7）其他连接以同样的方式进行，做中间横梁时只需要做一侧的缝合，然后使用“对称”工具进行调整，如图 3-100 所示。

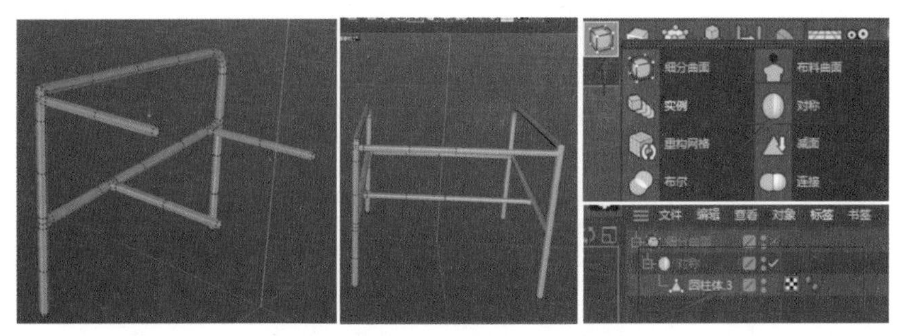

图 3-100

8）对细节部分进行卡边和倒角处理，最后添加细分完成框架建模，如图 3-101 所示。

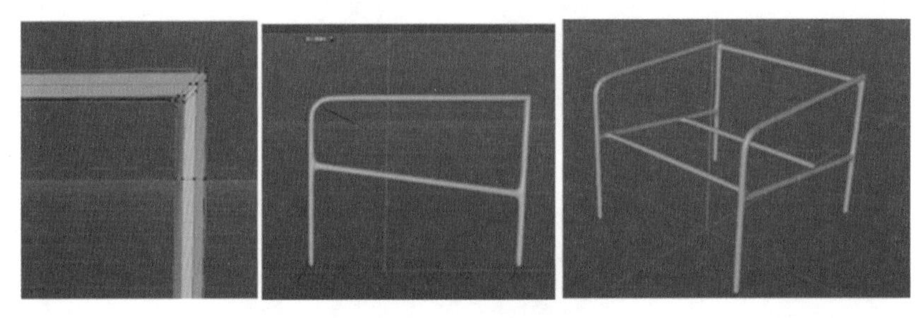

图 3-101

3.3.2 扶手建模

1）创建一个 BOX，调整长宽比例，*X* 轴分段为 5，*Y* 轴分段为 1，*Z* 轴分段为 4，如图 3-102 所示。

图 3-102

2）把立方体转为可编辑对象，并通过调整点的位置以调整造型，然后对边进行倒角处理，如图 3-103 所示。

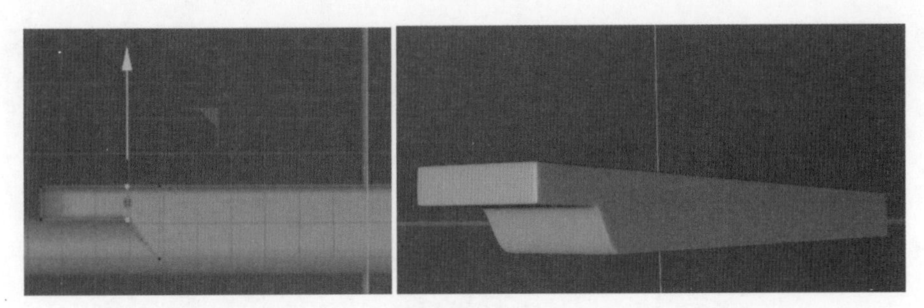

图 3-103

3）模型的头部是圆角形态，所以需要添加细分曲面，并调整头部的边的位置，使其形成圆角状态，如图 3-104 所示。

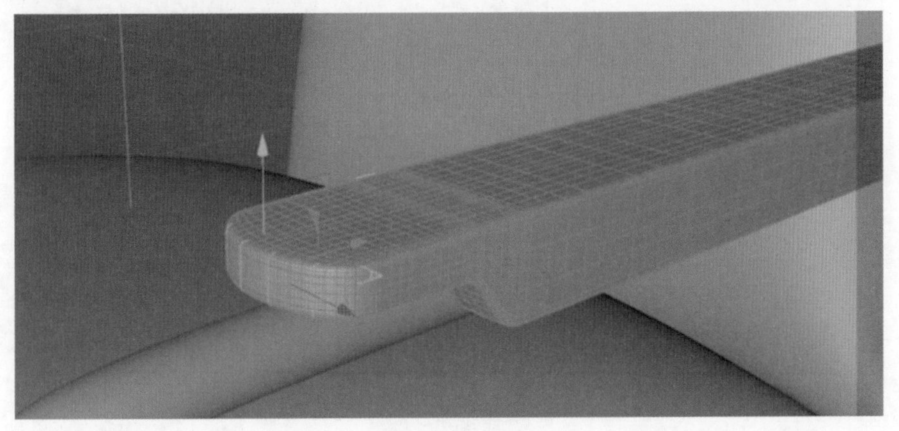

图 3-104

4）制作扶手底部和框架连接的部位。先选择底部中间的曲面，按住 <Shift+Ctrl> 键进行绿轴单轴缩放到 0。然后调整边的位置，得到下凹的造型，如图 3-105 所示。

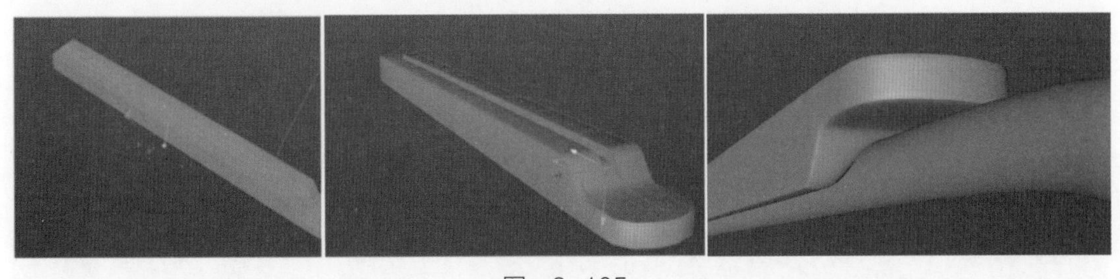

图 3-105

3.3.3 坐垫建模

1）创建一个 BOX，调整长宽比例，*X* 轴分段为 50，*Y* 轴分段为 1，*Z* 轴分段为 50，如图 3-106 所示。

2）把 BOX 转为可编辑对象，环状选择立面所有面，并添加布料模拟标签，如图 3-107 所示。

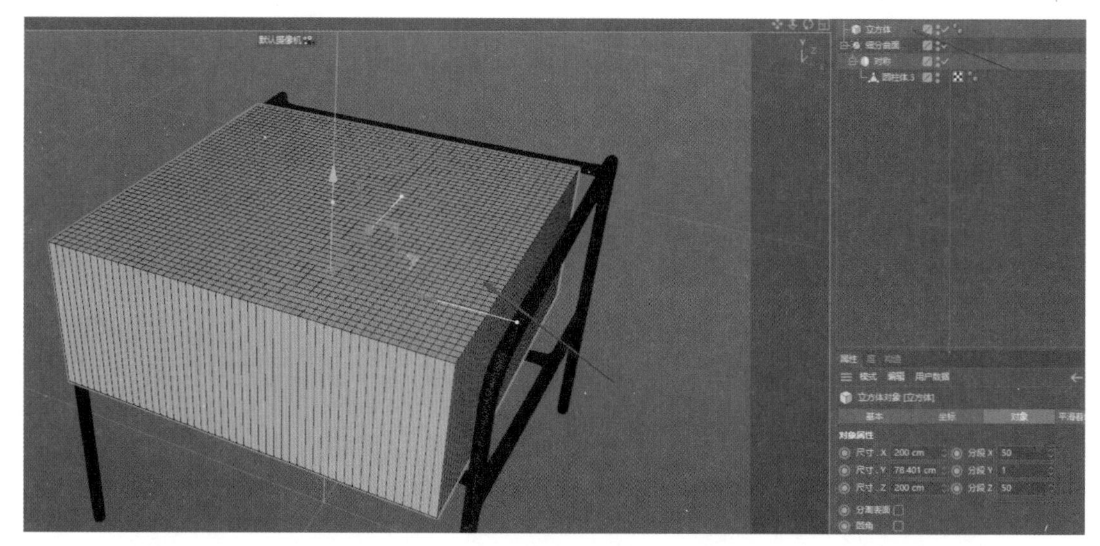

图 3-106

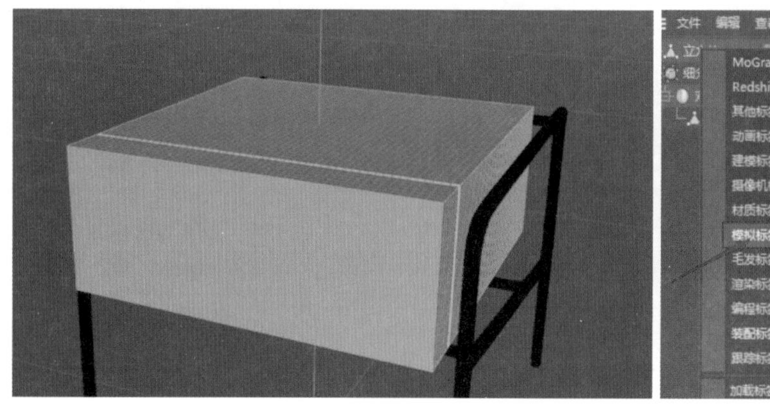

图 3-107

3）选择布料标签，进入属性面板中的“修整”，“缝合面”选择“设置”，如图 3-108 所示。

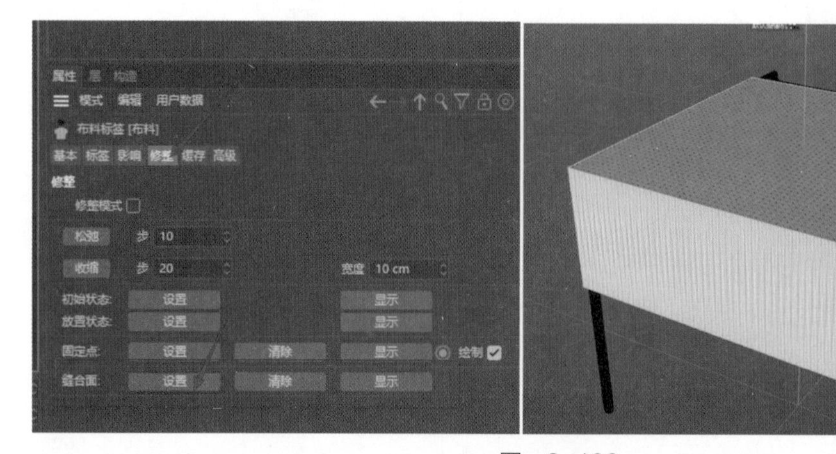

图 3-108

4）调整宽度为 0，单击“收缩”，如图 3-109 所示。

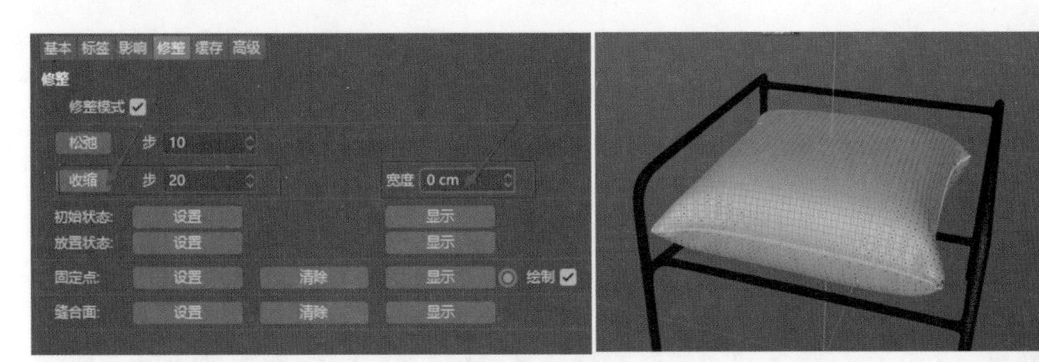

图　3-109

5）选择“挤压”命令向外挤压出一个小平面，如图 3-110 所示。

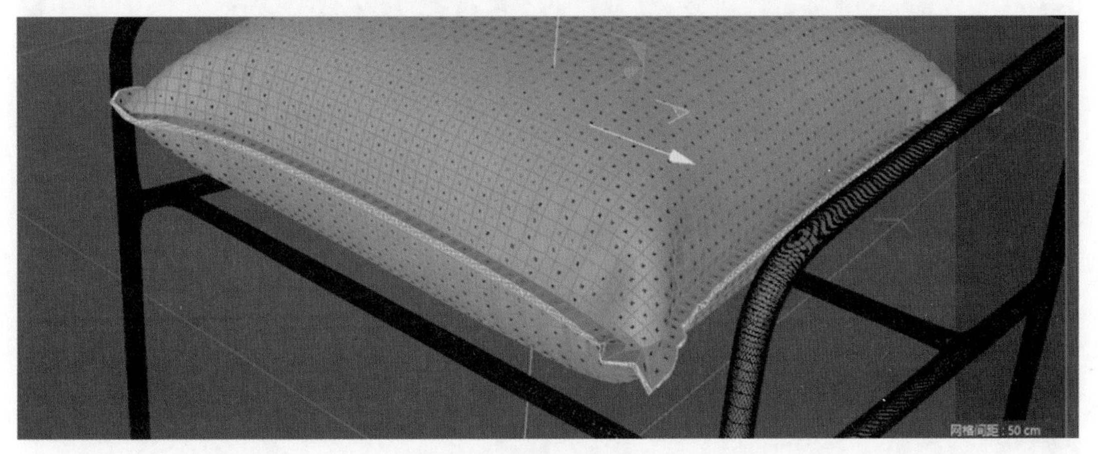

图 3-110

6）在曲面中间添加一条缝线，向内缩放，形成一条接缝，如图 3-111 所示。

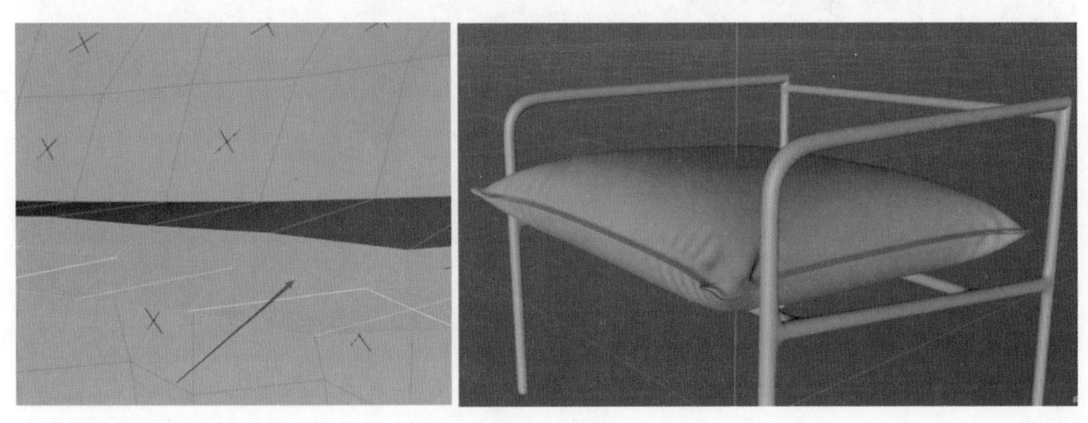

图　3-111

7）在“变形”工具中添加 FFD 作为“立方体”的子层级，通过“点”模式，对枕头的整体造型进行调整，如图 3-112 所示。

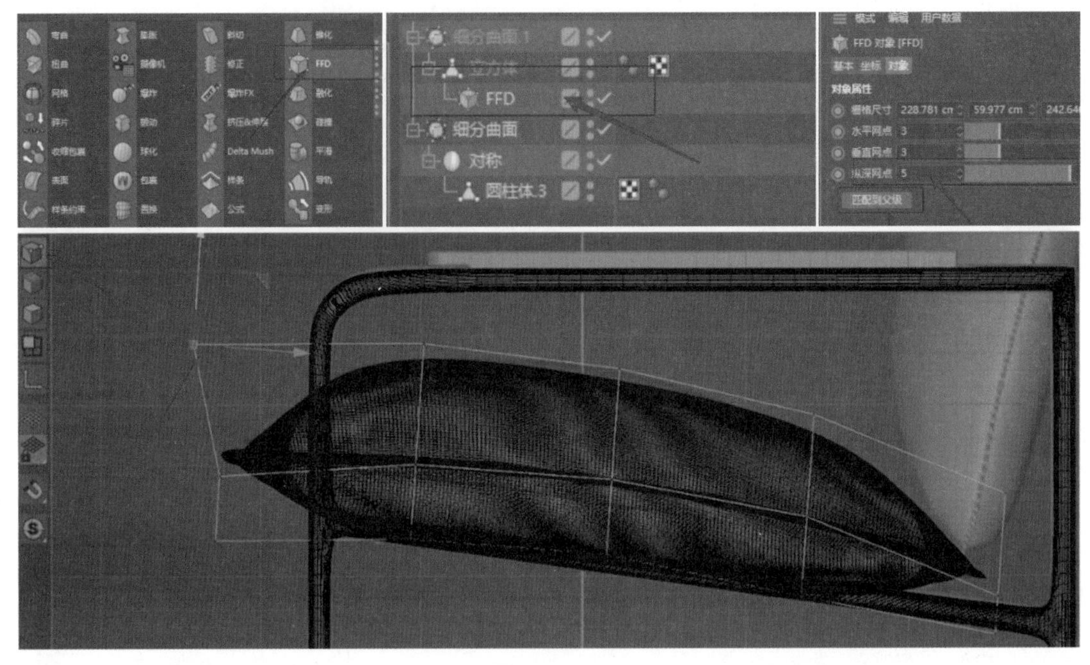

图 3-112

8）复制一份作为靠垫，并调整形态，如图 3-113 所示。

图 3-113

9）观察发现，垫子与框架穿模，此时可以给垫子创建一个“碰撞”变形器，把“框架”模型拖入碰撞外形中，并把碰撞类型改为“外部（体积）”，如图 3-114 所示。

10）以同样的方式把其他穿模的部件进行调整，如图 3-115 所示。

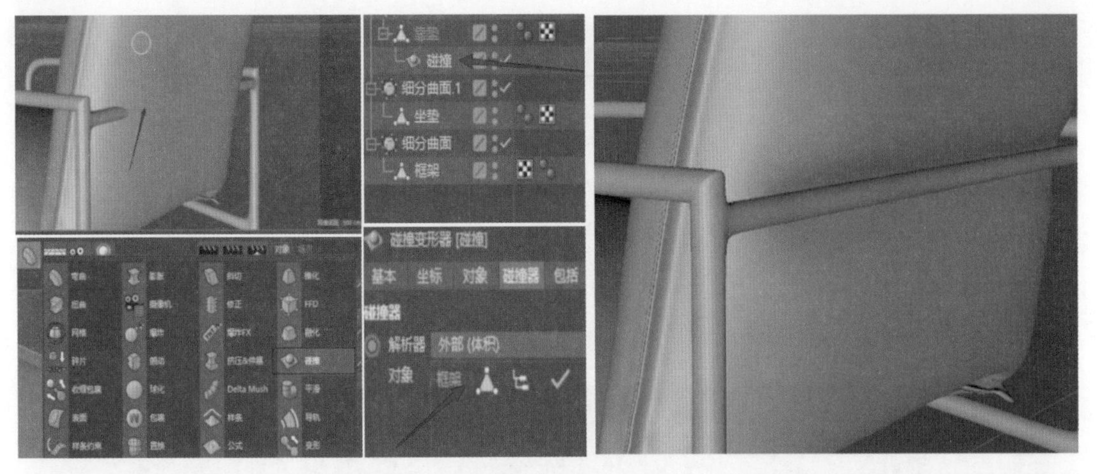

图 3-114

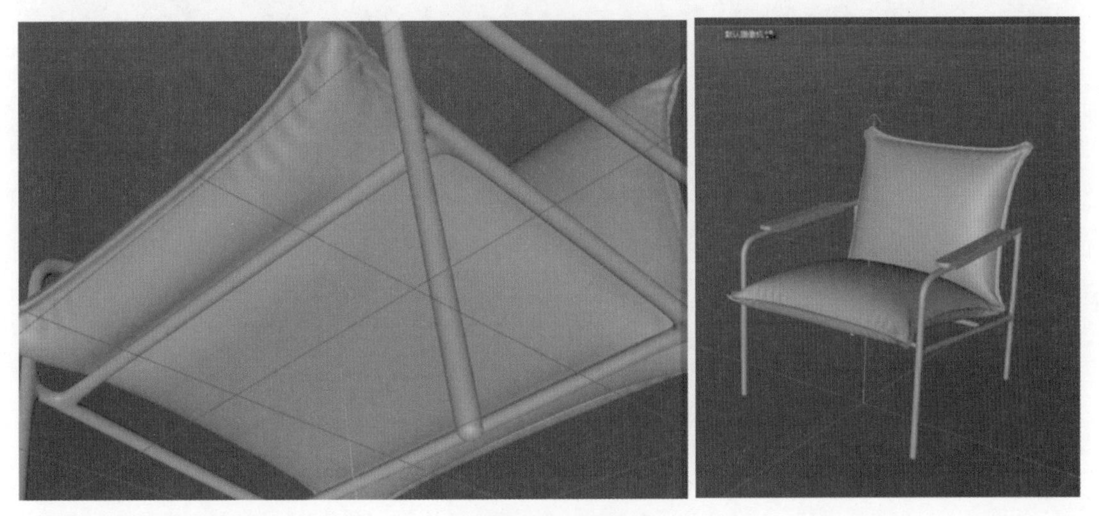
图 3-115

3.3.4 地垫建模

1）地垫建模需要用到 Reeper（绳索）插件，插件安装方法如图 3-116 所示。

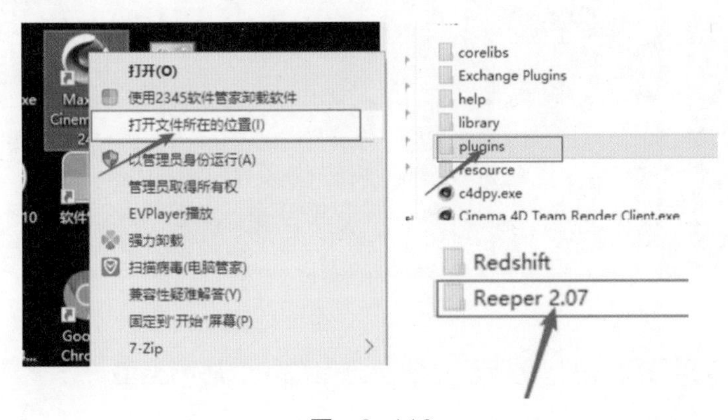

图 3-116

第一步：下载好插件，找到 Reeper 的文件夹。

第二步：右击 Cinema 4D 桌面图标，选择“打开文件所在的位置”。

第三步：找到 plugins 文件夹。

第四步：把 Reeper 文件夹拖入。

2）创建一条螺旋线，“起始半径”改为“0cm”，“结束角度”改为“42000°”，“高度”为“0cm”，“点插值方式”为“统一”，“数量”为“260”，如图 3-117 所示。

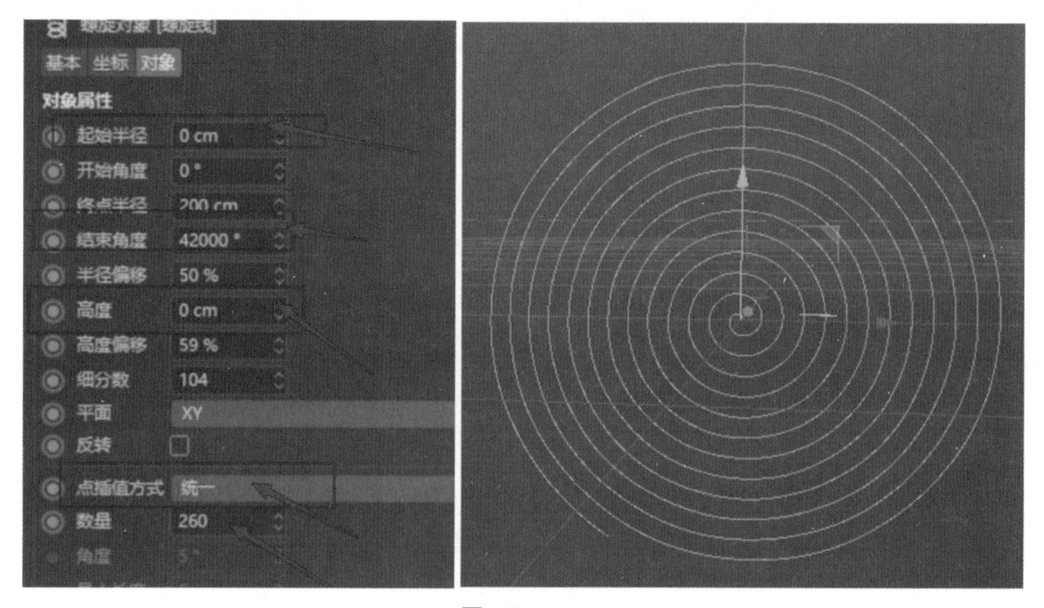

图 3-117

3）在扩展中找到 Reeper 插件，螺旋线作为其子层级，然后在属性面板中调整相关参数，如图 3-118 所示。

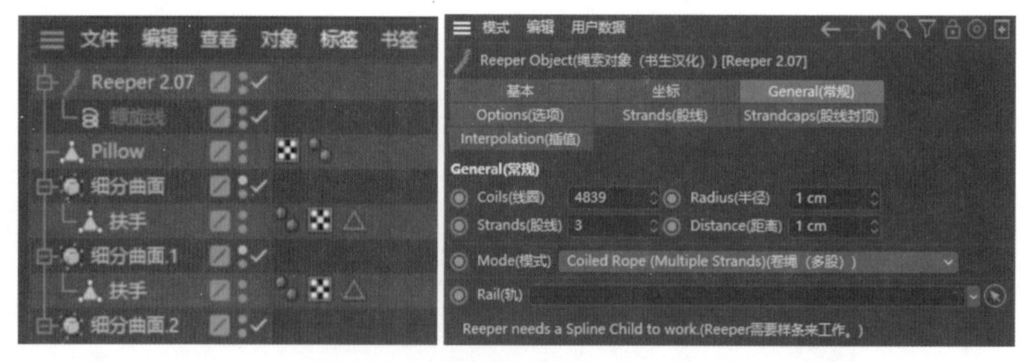

图 3-118

4）完成后效果如图 3-119 所示（注意：抱枕的做法和坐垫一样）。

5）最终效果如图 3-120 所示。

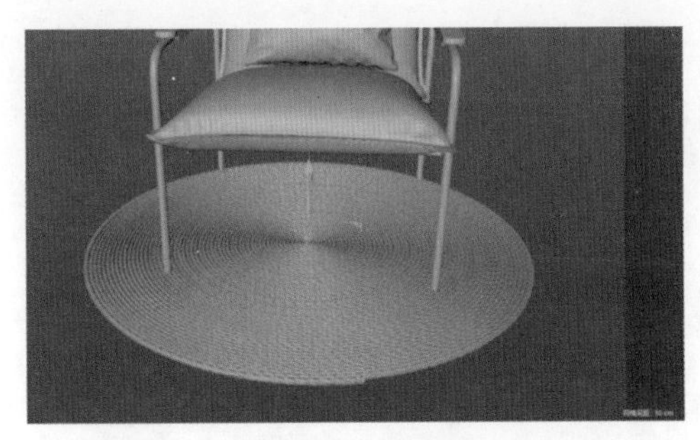

图 3-119

图 3-120

3.3.5 UV 展开

1）独显坐垫模型，选中缝隙中间的线，在“选择”栏中找到 “设置选集”，对边做选集，用于展开 UV 的切割边，如图 3-121 所示。

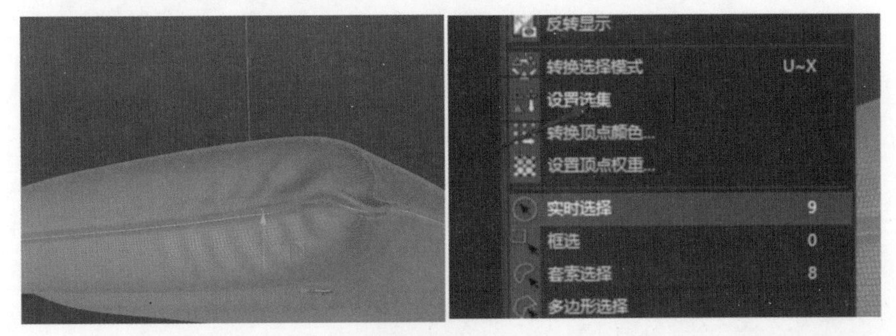

图 3-121

2）在右上角“界面”中找到 BP-UV Edit 界面，在该界面中选择所有曲面，并进入“投射”面板中，选择“前沿”的投射方式，如图 3-122 所示。

3）进入“松弛 UV”面板，选择 ABF 的展开模式，并勾选“沿所选边切割”和“使用标签”，再把“对象”栏之前创建的边选集拖入“使用标签”左侧，并单击“应用”，如图 3-123 所示。

4）在“文件”中选择“新建纹理”，然后在“图层”中选

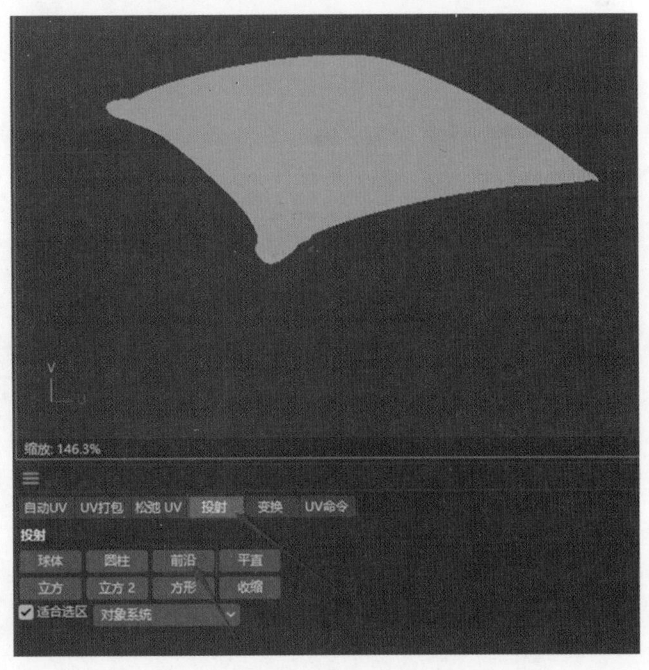

图 3-122

择“创建 UV 网格层”，最后保存文件，如图 3-124 所示。

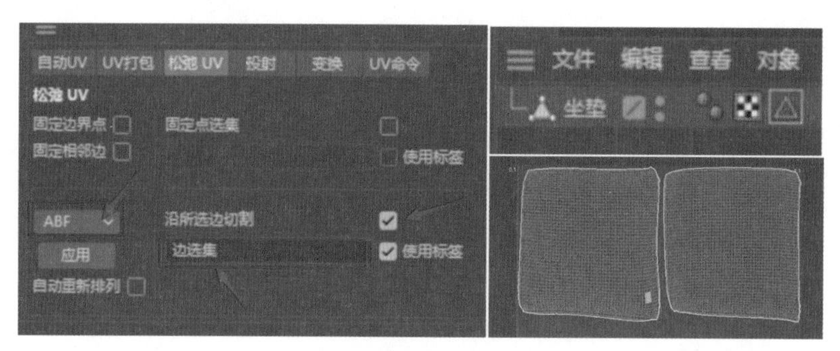

图 3-123

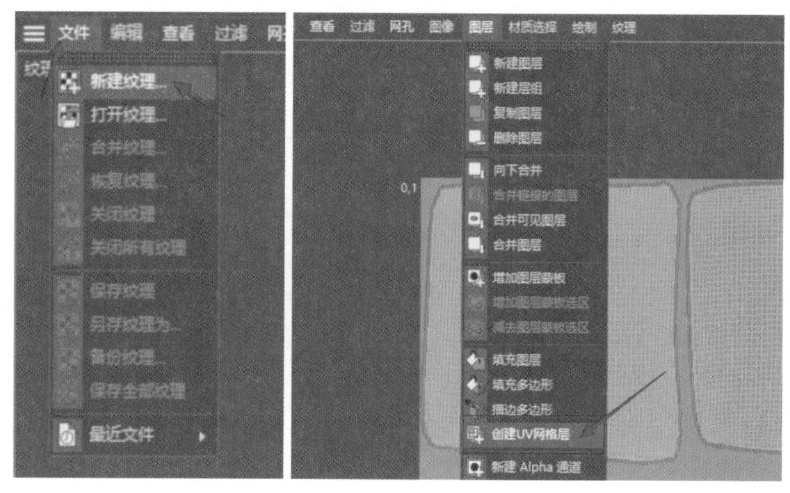

图 3-124

3.3.6 贴图绘制

1）把导出的纹理放到 Photoshop，并找到一张皮纹贴图，完全覆盖所展开的纹理即可，如图 3-125 所示。

图 3-125

2）降低皮纹图层的透明度，使用“钢笔”工具，把类型改为“形状”，填充改为“空”，颜色选择接近皮纹的颜色，线条改为“虚线圆头”，然后调整合适的大小，在缝线的地方绘制，如图 3-126 所示。

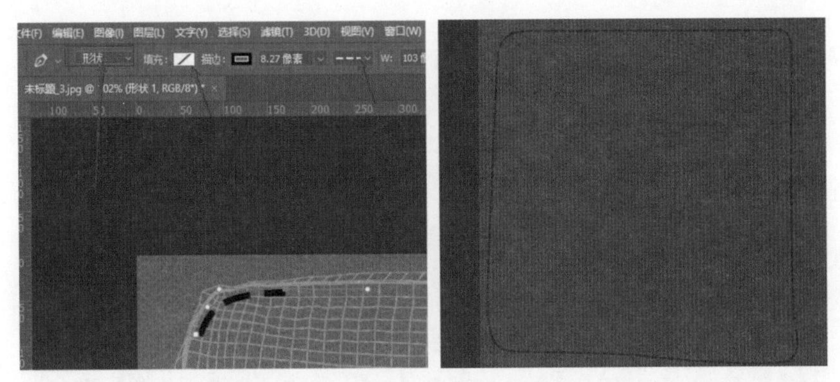

图 3-126

3）对做好的缝线，添加混合选项，勾选“斜面和浮雕”和“投影”，如图 3-127 所示。

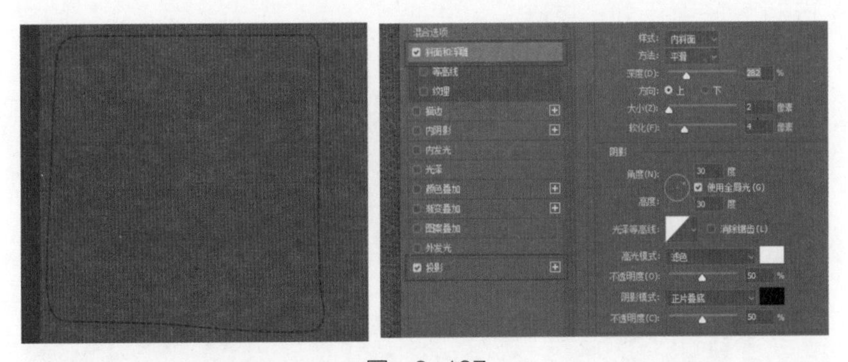

图 3-127

4）导出贴图，并在滤镜中生成 3D 贴图，选择“生成凹凸（高度）图”和“生成法线图”命令，如图 3-128 所示。

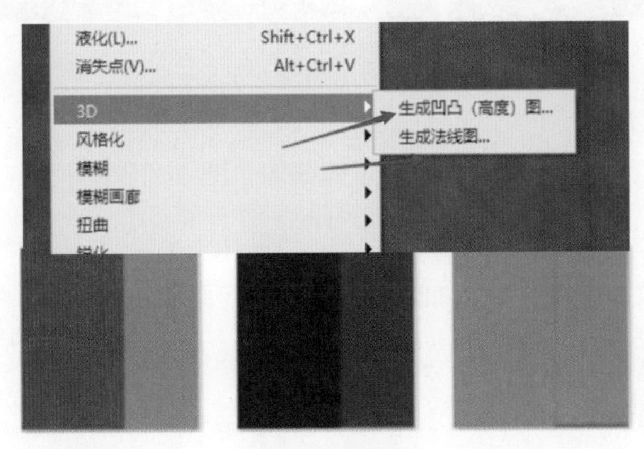

图 3-128

5）贴图制作完成。其他也是一样的制作方式。

3.3.7 渲染

1. 搭建场景

1）先创建地板，创建一个 BOX，调整好大小比例，并设置一个小圆角，如图 3-129 所示。

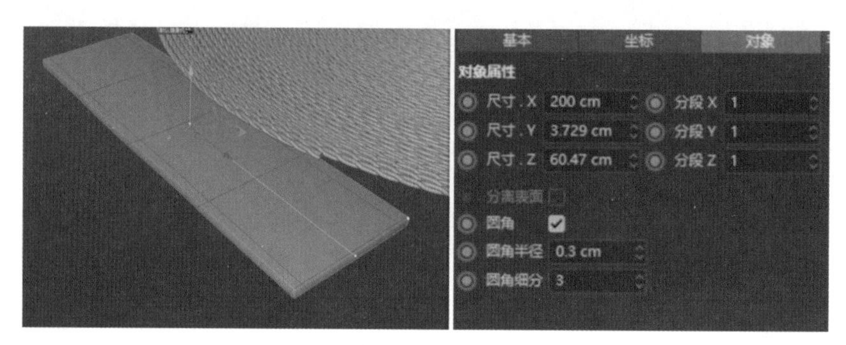

图 3-129

2）在运动图形中找到“克隆”，并把“克隆”作为“立方体”的父层级，如图 3-130 所示。

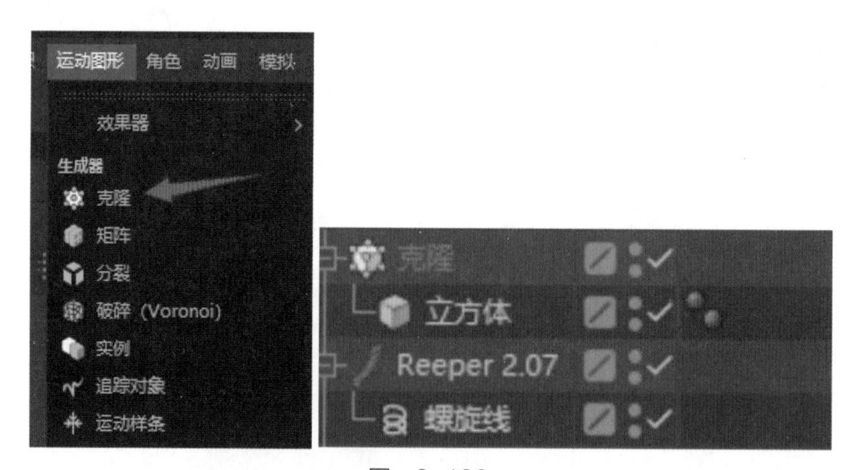

图 3-130

3）进入克隆属性面板，把“模式”改为“蜂窝阵列”，“角度”改为“Y（XZ）”，然后调整宽高尺寸，使地板没有缝隙，图 3-131 所示。

2. 地板材质调节

1）创建好背景和墙面，并添加好摄像机，确定画面比例为 1：1（注意：相机焦距需要改大一点，本例中是 80）。场景搭建好后，在左上侧的位置放第一盏主光源，如图 3-132 所示。

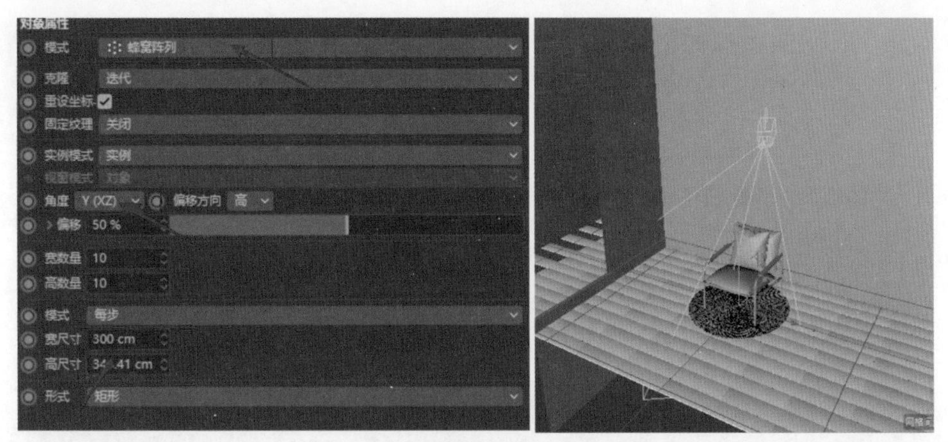

图 3-131

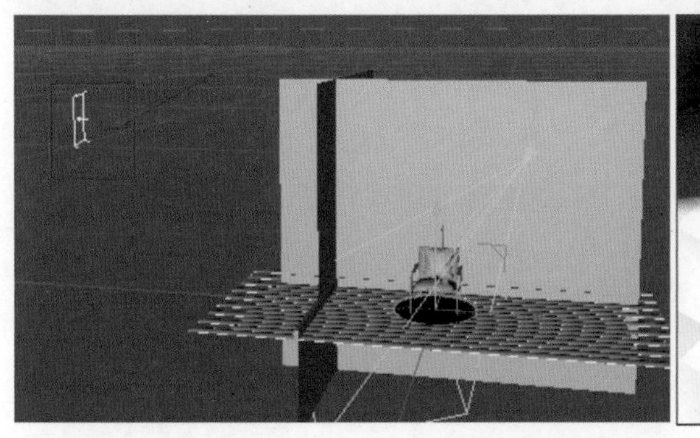

图 3-132

2）主光调整好后对地板材质进行调节，创建一个通用材质，在网上找到一张木纹贴图，贴给 Diffuse（漫反射），中间加一个 Ramp，做颜色调整，如图 3-133 所示。

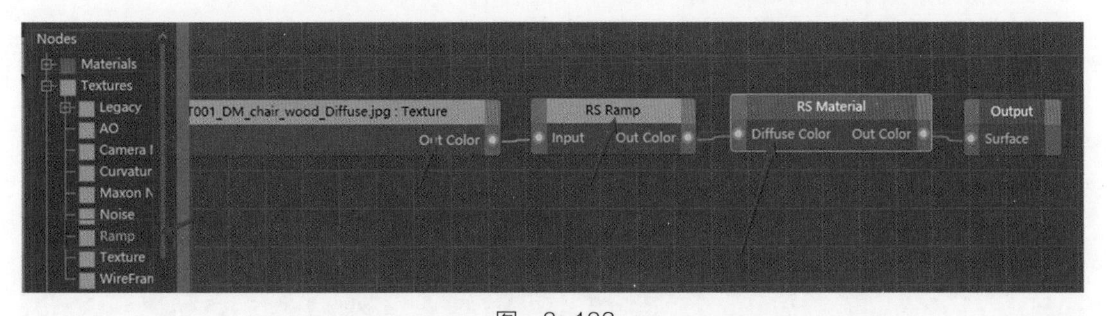

图 3-133

3）观察会发现，贴图方向不对，此时单击“对象”面板中的“材质球”，把投射类型改为“立方体”，然后点亮贴图轴，可以看到一个立方体的贴图框，对贴图进行旋转，直至贴图方向正确，如图 3-134 所示。

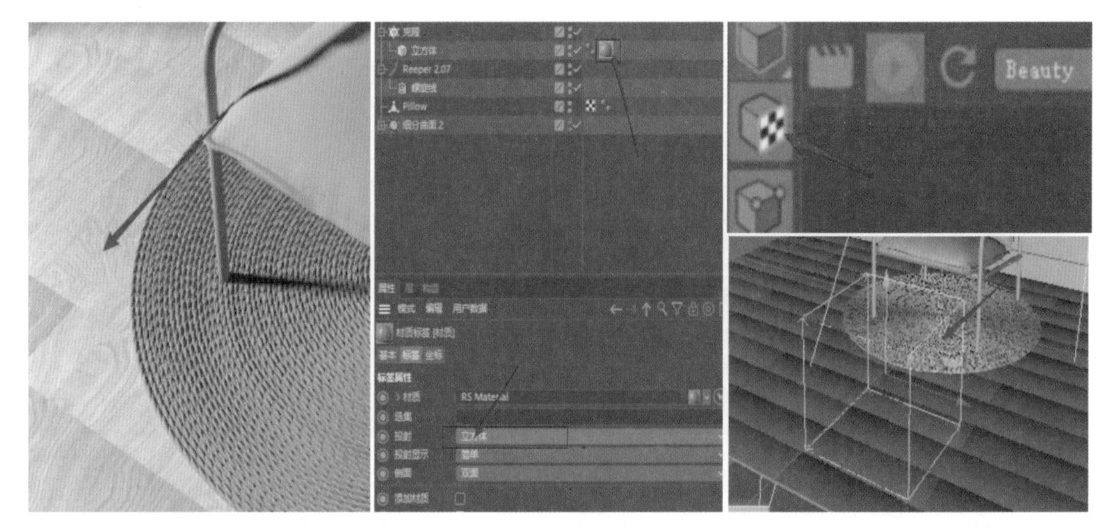

图 3-134

4）调整好方向后的贴图，如图 3-135 所示。

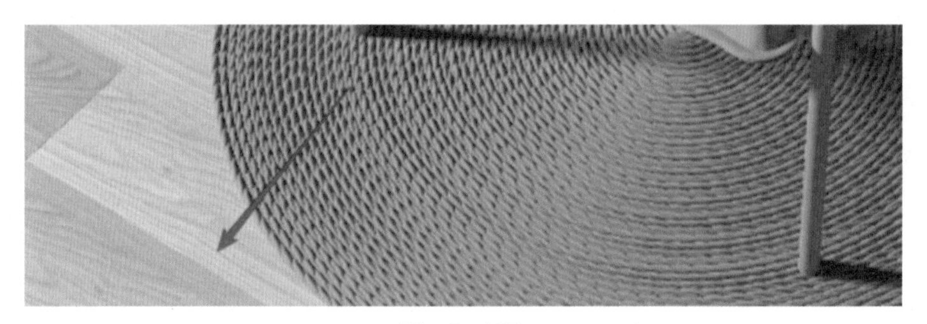

图 3-135

5）复制两个贴图和 Ramp，如图 3-136 所示。

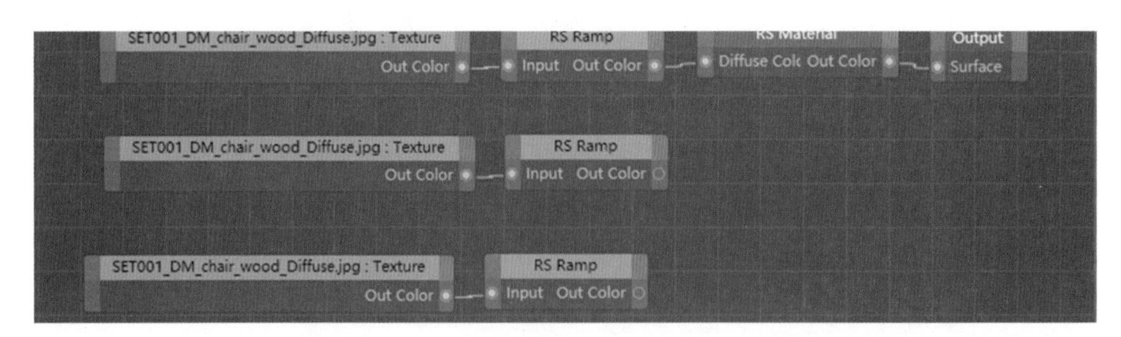

图 3-136

6）调整一下贴到漫反射 Ramp 的颜色，把复制的贴图分别贴到“反射粗糙度”和“凹凸”上，如图 3-137 所示。

7）贴到“凹凸”上的贴图需要添加一个 Bump Map 节点，在左侧可以找到，凹凸高度调整为“0.3”，如图 3-138 所示。

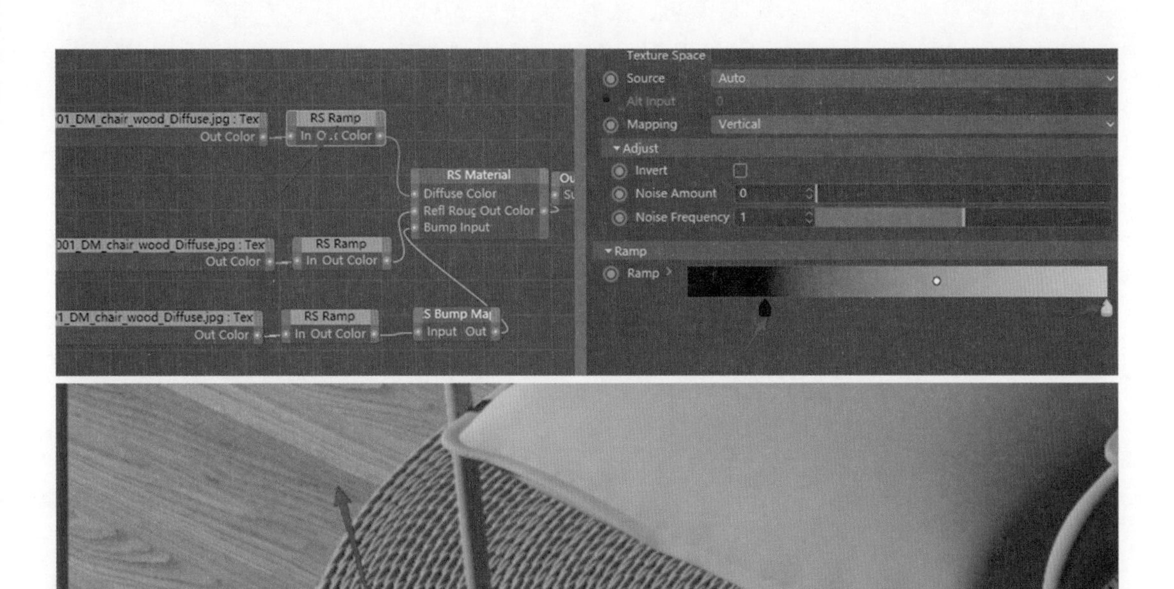

图 3-137

图 3-138

3. 其他材质调节

1）调整地垫材质：直接创建一个木纹，调整一下粗糙度即可，如图 3-139 所示。

2）调整墙面材质：创建一个通用材质，并调整颜色，反射强度降低，粗糙度加大，如图 3-140 所示。

3）垫子材质调整：创建一个通用材质，并把制作好的贴图对应贴上，Ramp 是对贴图黑白进行调整，控制粗糙程度，如图 3-141 所示。

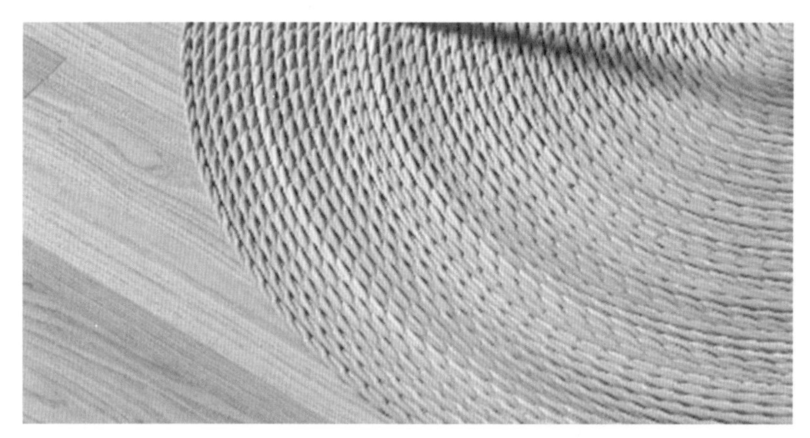

图 3-139

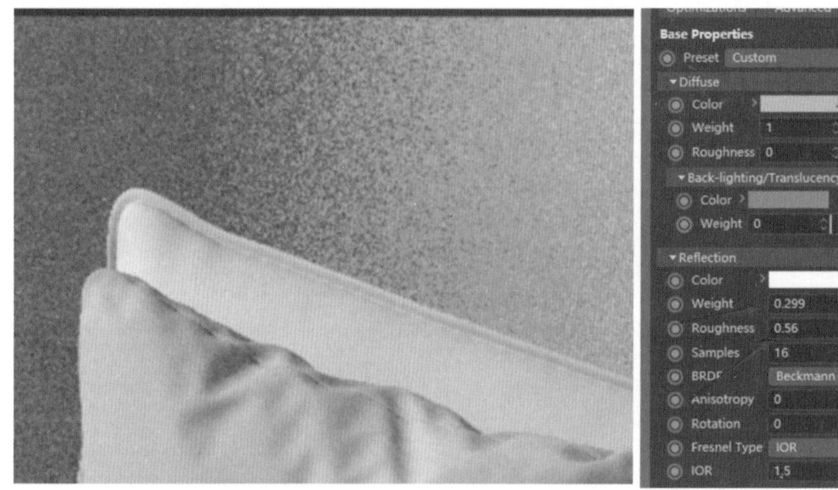

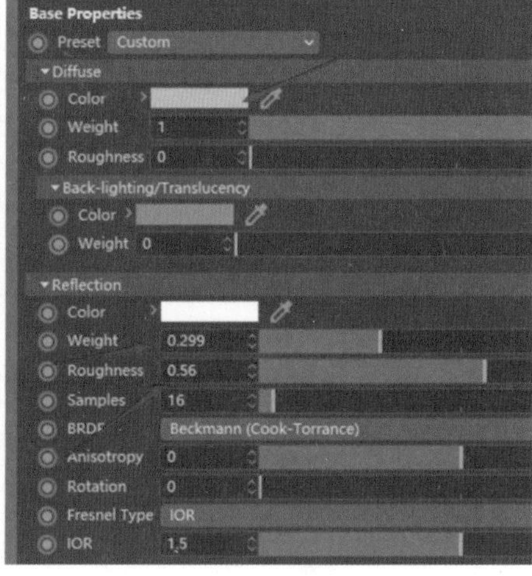

图 3-140

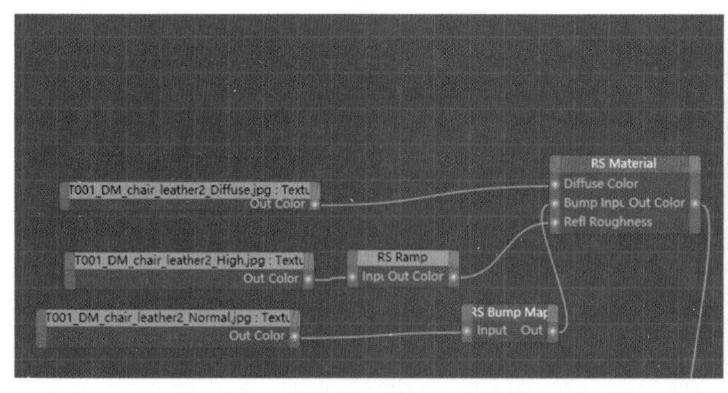

图 3-141

4）扶手材质调整：找张木纹贴图给扶手，调节方式和地板一样。然后给框架创建一个通用材质，把颜色改为“黑色”，调整粗糙度（不用太大）。抱枕也一样，找到贴图，对应贴上即可，如图 3-142 所示。

3.3.8 最终效果图展示

最终效果图展示如图 3-143 所示。

图 3-142

图 3-143

3.4 Cinema 4D 案例：SONY 耳机

本节以制作一个 SONY 耳机为例（见图 3-144），介绍模型创建、模型修改、场景搭建、场景布光、材质调节和渲染输出等。通过对本案例的学习，读者可以了解金属材质和半透明材质的表达，以及打光技巧。

图 3-144

3.4.1 模型创建

整体结构分为：耳塞、听筒、耳蜗、耳蜗背面、耳机线连接、耳机线、耳机

Logo。整体建模思路：先利用生成器工具创建模型轮廓结构，之后将模型转换成可编辑多边形优化细节。

3.4.2 耳机耳塞模型部分制作

1）单击菜单栏中的“创建”按钮，在“创建”菜单中单击“样条”命令，在“样条”子菜单中选择“圆环”命令，在视窗中单击创建一个圆环，如图 3-145 所示。

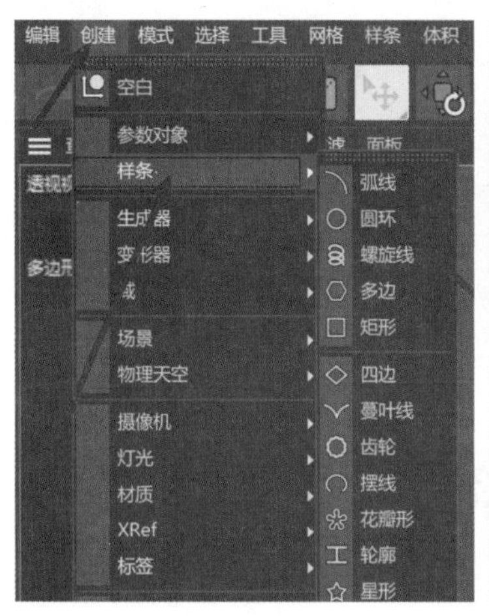

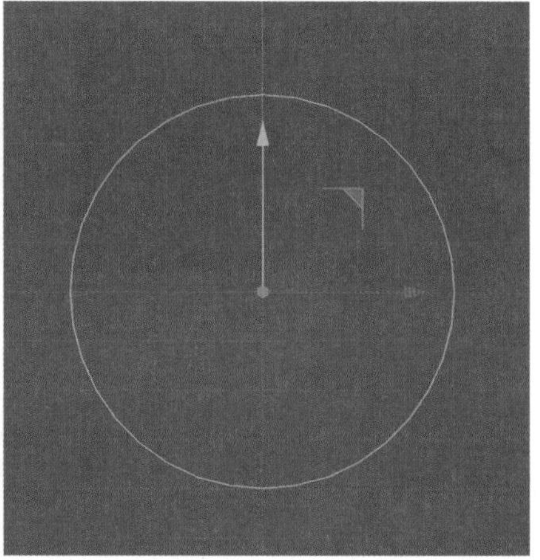

图 3-145

2）单击选中创建的圆环，按住 <Ctrl> 键的同时按鼠标左键拖拽圆环复制出一个新的圆环，如图 3-146 所示。

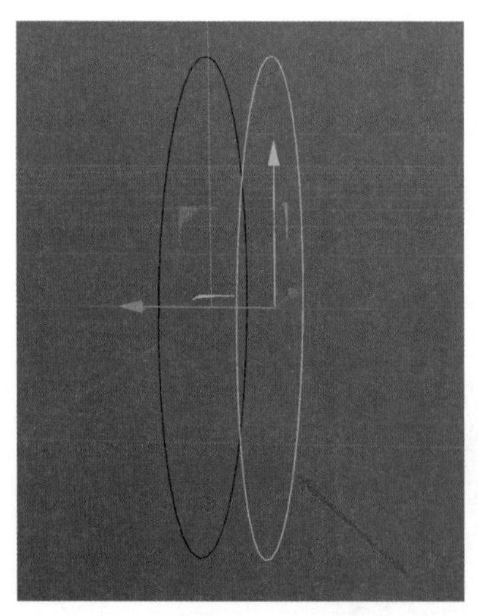

图 3-146

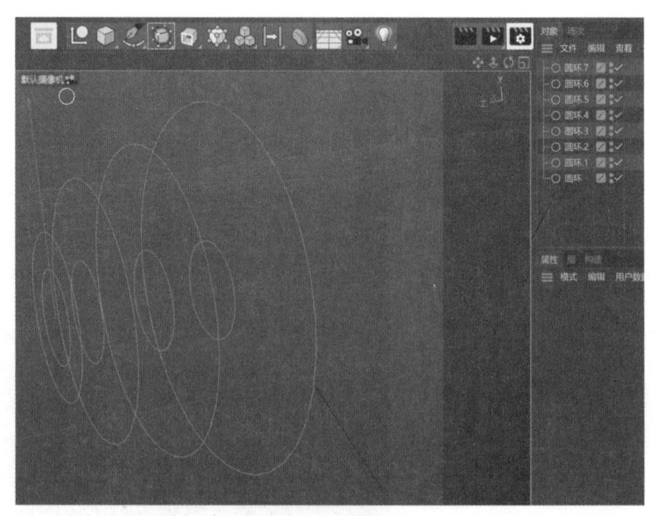

图 3-147

3）重复第 2）步操作并修改圆环半径，呈现出创建的圆环，如图 3-147 所示。

4）检查圆环分布顺序是否与“对象”窗口下的顺序一致，如图 3-148 所示。

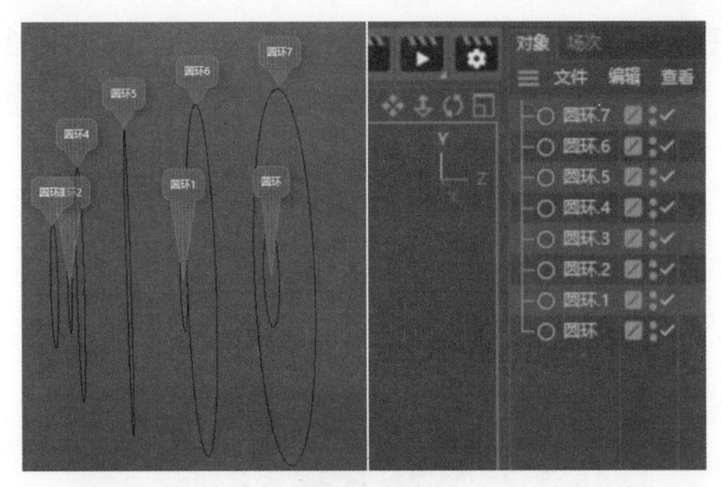

图 3-148

5）单击鼠标左键展开顶部菜单栏中的“创建”按钮，在“创建”菜单中单击“生成器”命令，在“生成器”子菜单中选择“放样”命令，单击创建出“放样”，在“对象”面板下将所有圆环拖拽至“放样”下方作为其子层级，如图 3-149 所示。

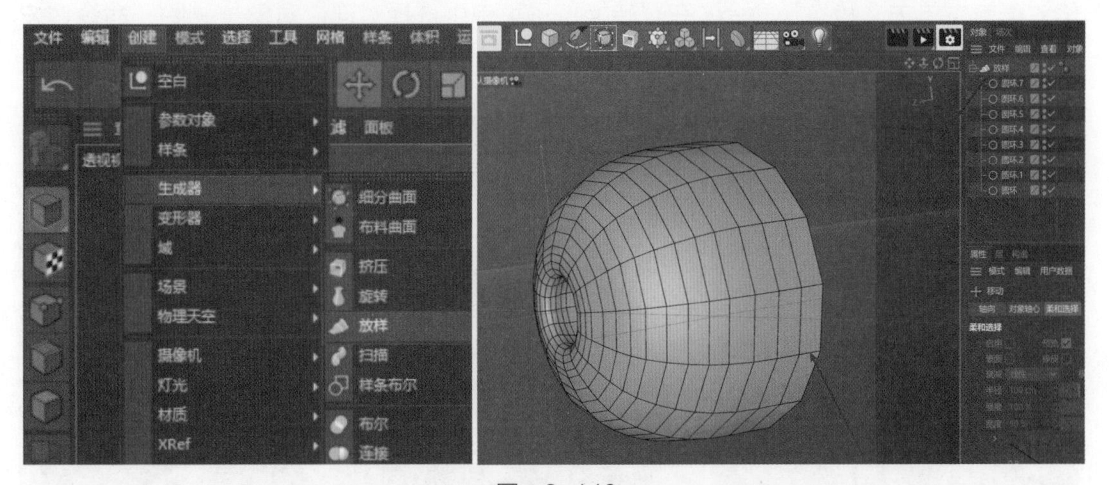

图 3-149

6）调节，如图 3-150 所示，放样属性注意不要勾选封盖属性。

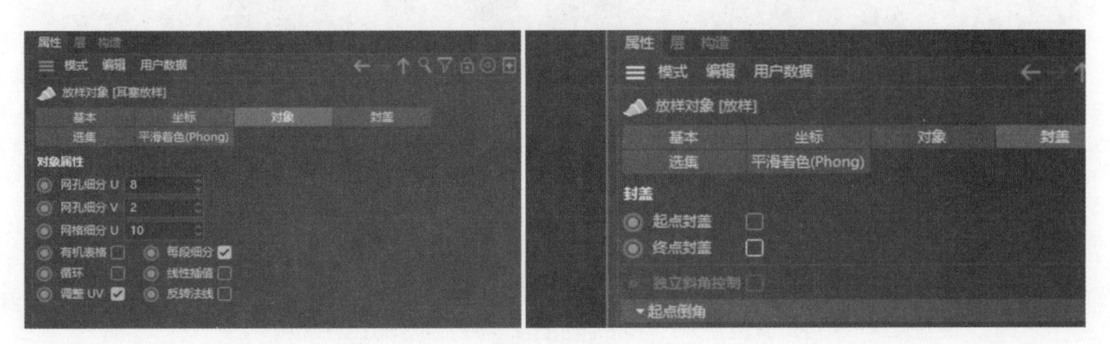

图 3-150

7）以同样的方式做出耳塞模型的内表面（红色部分），如图 3-151 所示。

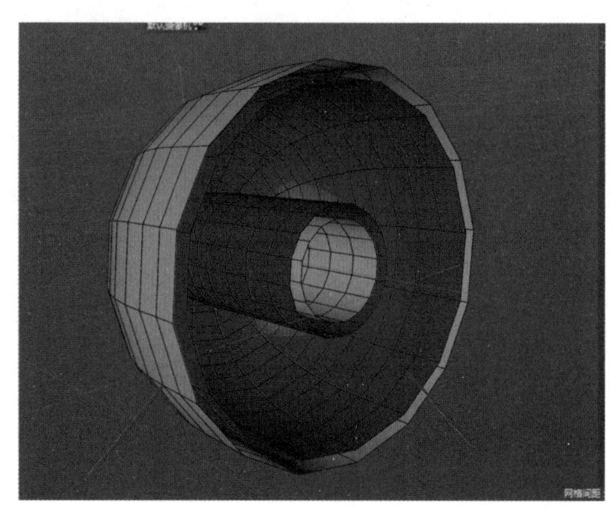

图 3-151

8）选中“耳机放样”与“耳机放样内”，单击菜单栏中的“网格”按钮，在“网格”菜单中单击“转换”命令，在“转换”子菜单中选择“连接对象 + 删除”命令，按鼠标左键执行命令，如图 3-152 所示。

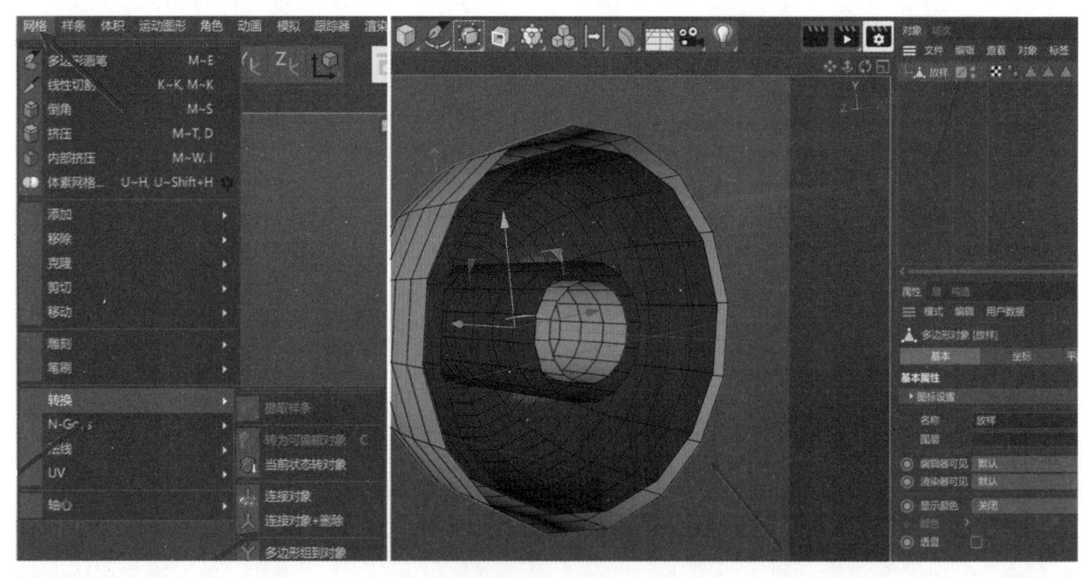

图 3-152

9）如图 3-153 所示，选中两条轮廓线，右击弹出菜单，选择“缝合”命令，按住 <Shift> 键的同时按鼠标左键缝合两圈边。

10）同上，缝合如图 3-154 所示两圈边。

11）在图 3-155 所示位置加一圈线并沿 Z 轴方向移动适当距离。

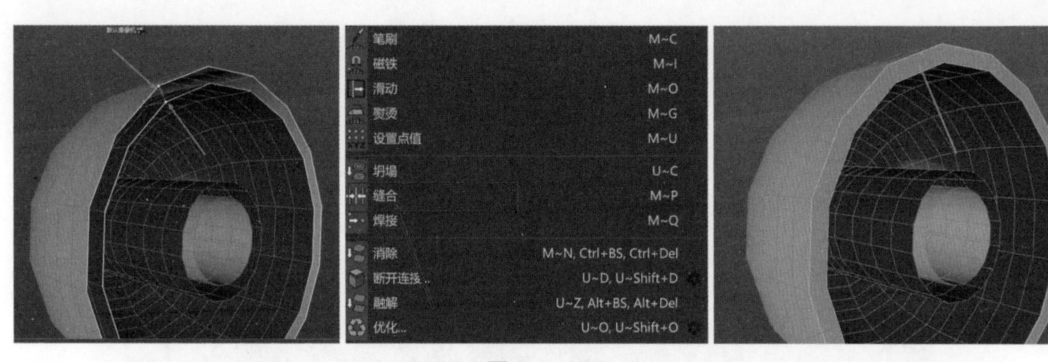

图 3-153

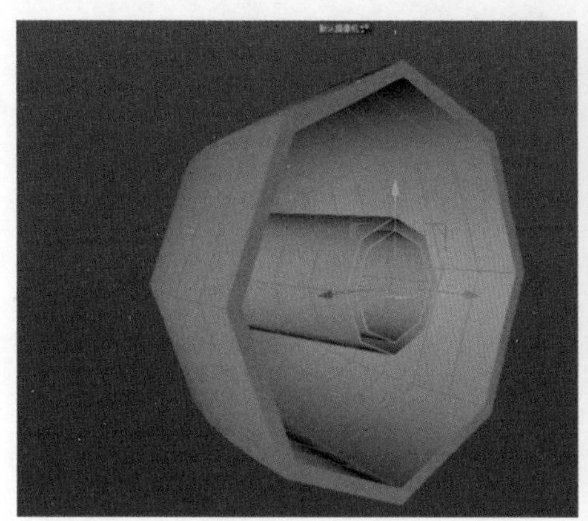
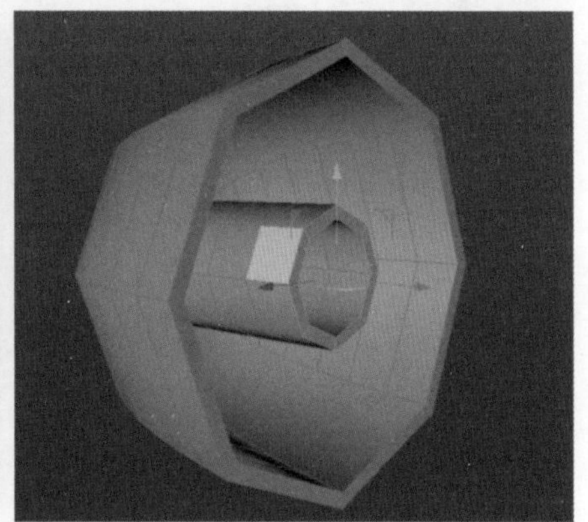

图 3-154

12）在图 3-156 所示位置添加保护线。

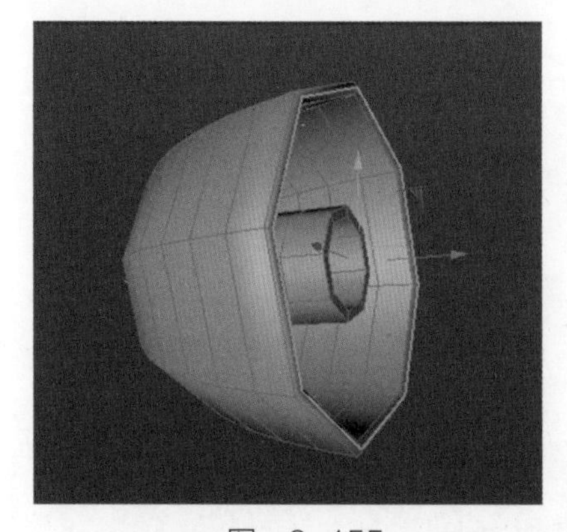

图 3-155

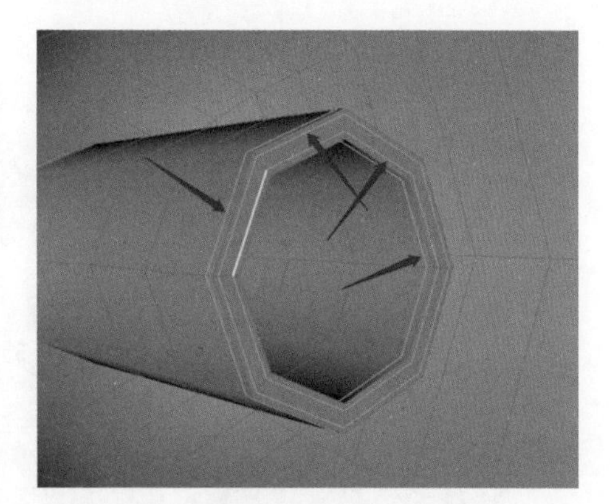

图 3-156

13）单击菜单栏中的“创建”按钮，在“创建”菜单中单击“生成器”命令，在“生成器”子菜单中选择“细分曲面”命令，单击创建出“细分曲面”，在“对象”面板下将“耳塞放样”作为其子层级，如图 3-157 所示。

耳塞部分制作完成。

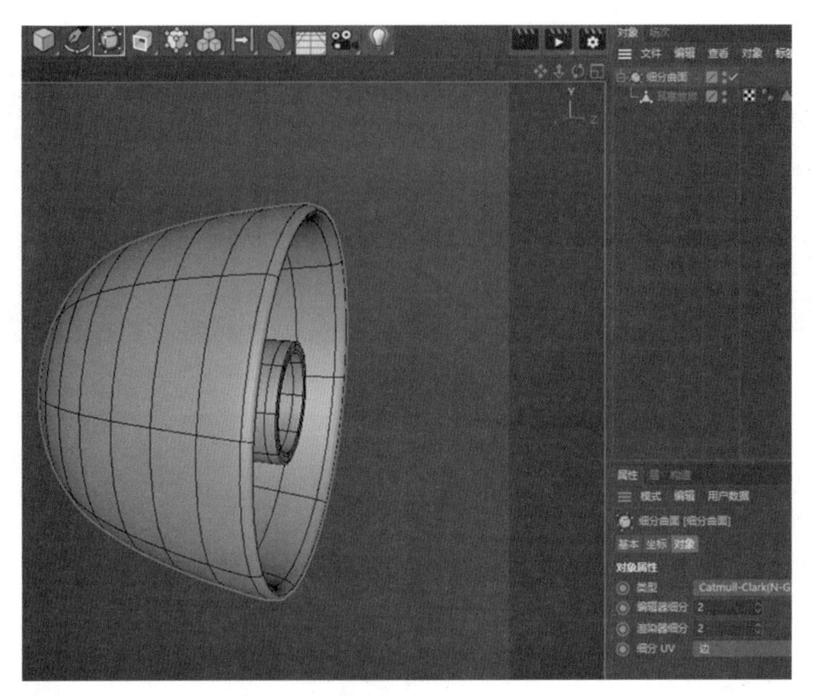

图 3-157

3.4.3 耳机耳蜗模型部分制作

1）单击菜单栏中的“创建”按钮，在“创建”菜单中单击“样条”命令，在“样条”子菜单中选择“圆环”命令，单击创建出圆环之后复制、调节 [参考耳塞建模部分 1）、2）]，结果如图 3-158 所示。

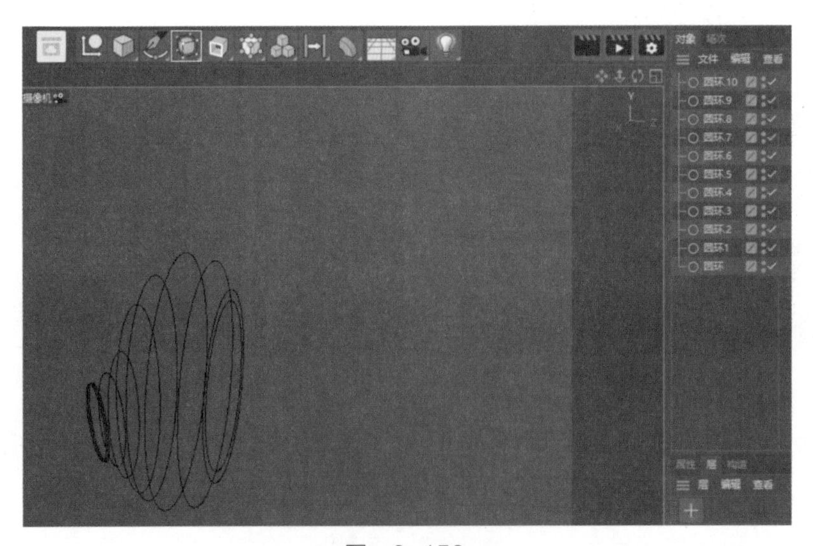

图 3-158

2）添加“放样”命令，并将所有圆环置于“放样”的子层级，如图 3-159 所示。

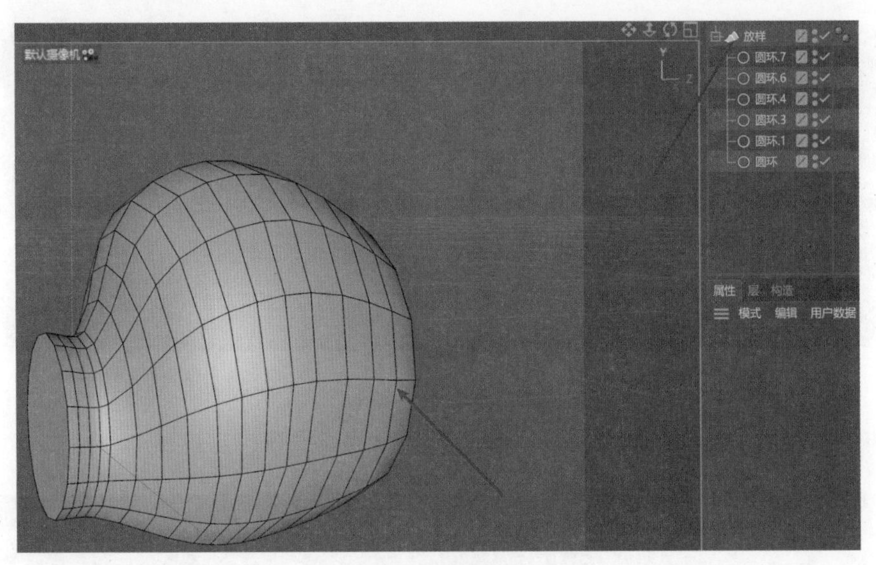

图 3-159

3）添加“细分曲面”生成器，将“放样”置于“细分曲面”的子层级，如图 3-160 所示。

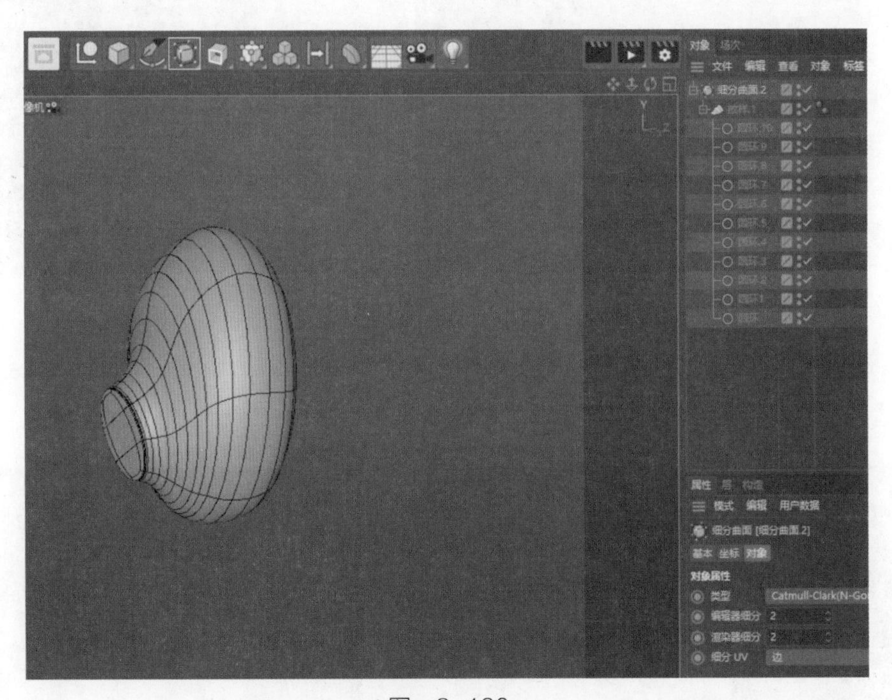

图 3-160

4）选中“细分曲面”转为可编辑对象，如图 3-161 所示。

5）在“线”模式下选择如图 3-162 所示一圈线。

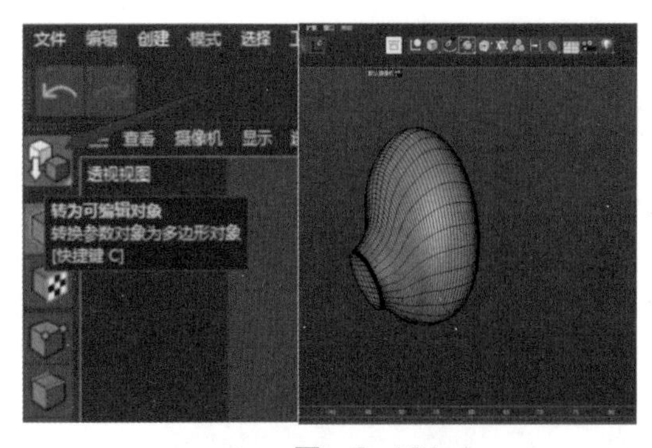

图 3-161

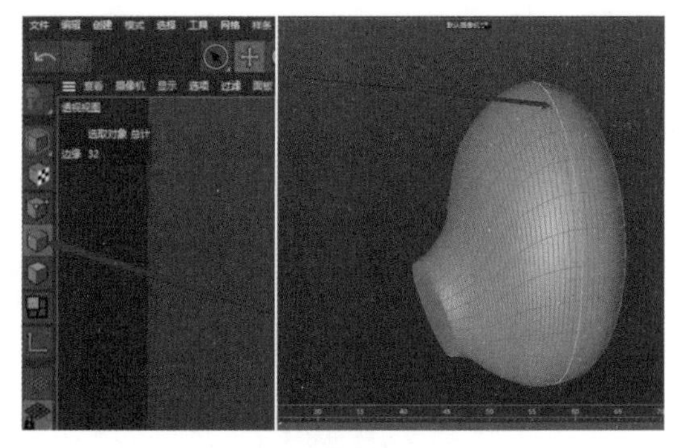

图 3-162

6）右击选择“倒角”命令，倒角出适当距离，如图 3-163 所示。

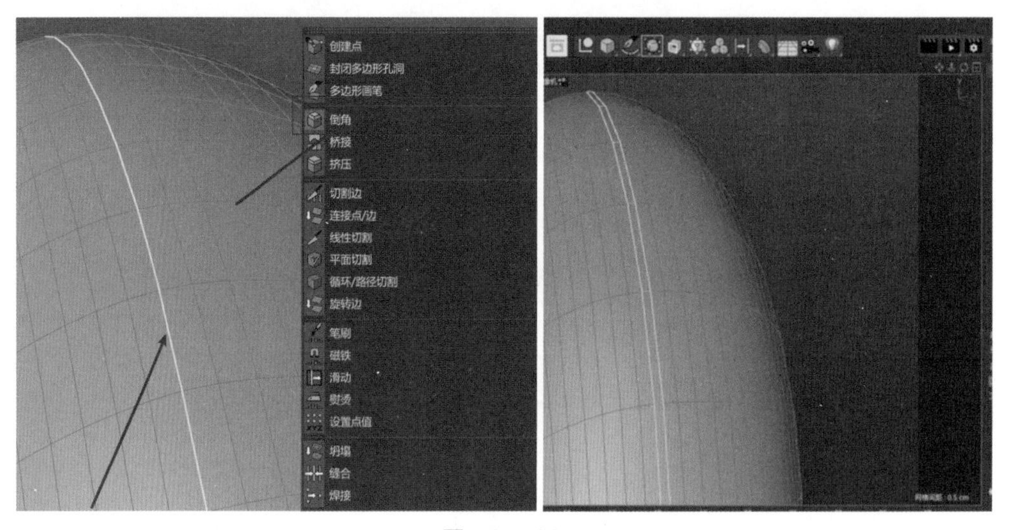

图 3-163

7）在“面”模式下循环选择倒角产生的新面，按住 <Ctrl> 键的同时按鼠标左键复制缩放适当距离，如图 3-164 所示。

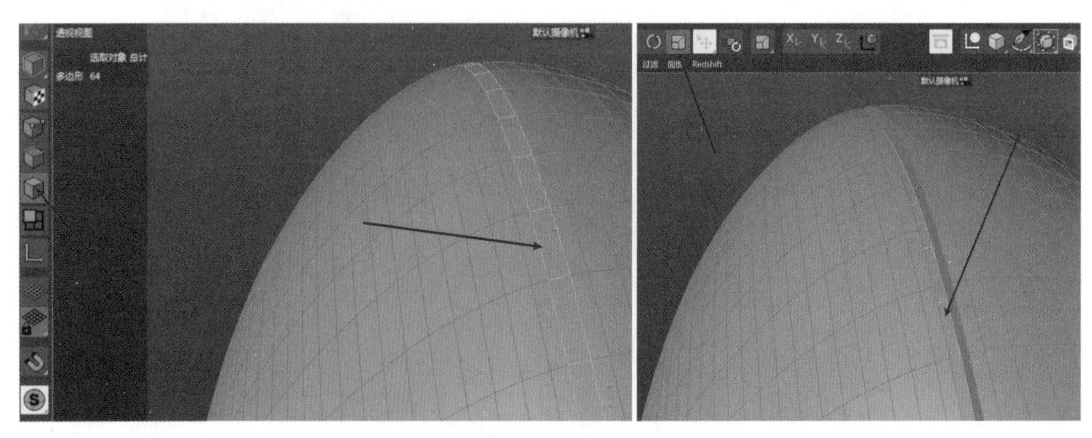

图 3-164

8）选择转折边，右击选择“倒角”生成保护线并添加“细分曲面”，如图 3-165 所示。

耳蜗部分制作完成。

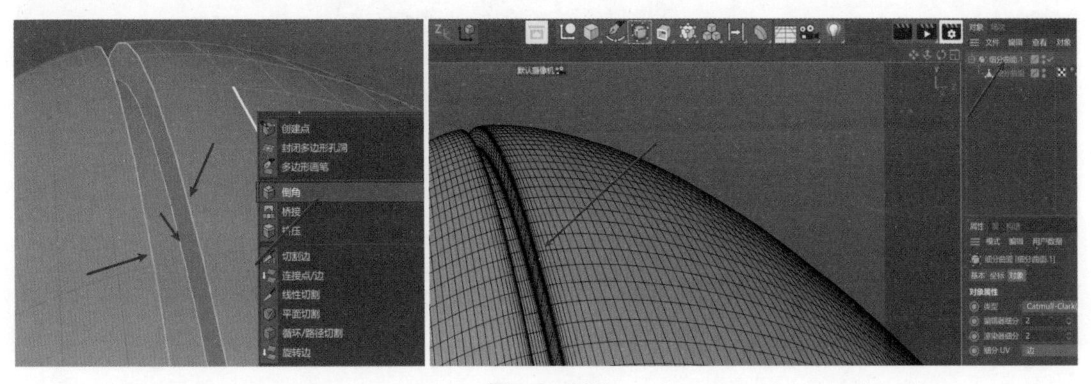

图 3-165

3.4.4 耳蜗背面制作

1）单击菜单栏中的“创建”按钮，在“创建”菜单中单击“参数对象”命令，“参数对象”子菜单中选择“圆柱体”命令，单击创建出一个圆柱体，调节圆柱体属性，如图 3-166 所示。

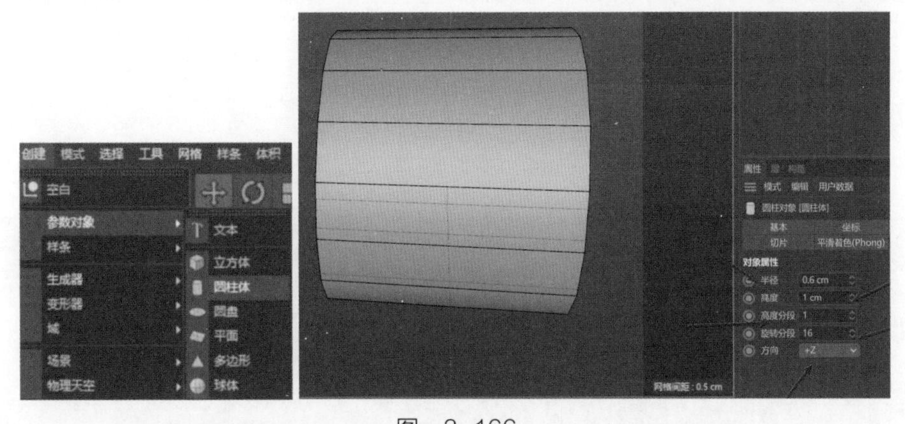

图 3-166

2）选中圆柱体按 <C> 键转换为可编辑多边形后添加两圈线调节圆柱体基本形状，如图 3-167 所示。

3）选中圆柱体中线做倒角处理使其产生平滑过渡，如图 3-168 所示。

4）选择转折边做倒角处理，并添加“细分曲面”，结果如图 3-169 所示。

耳蜗背面制作完成。

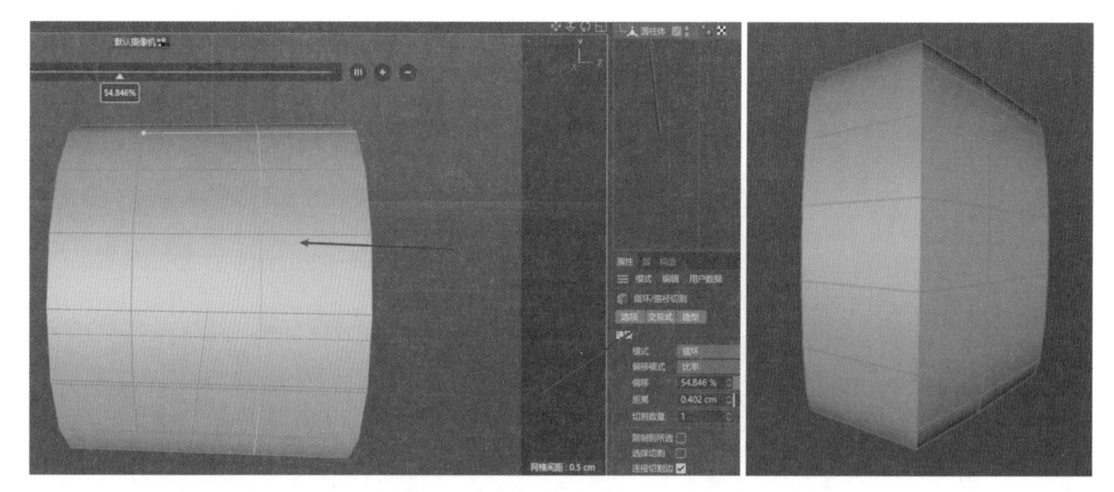

图 3-167

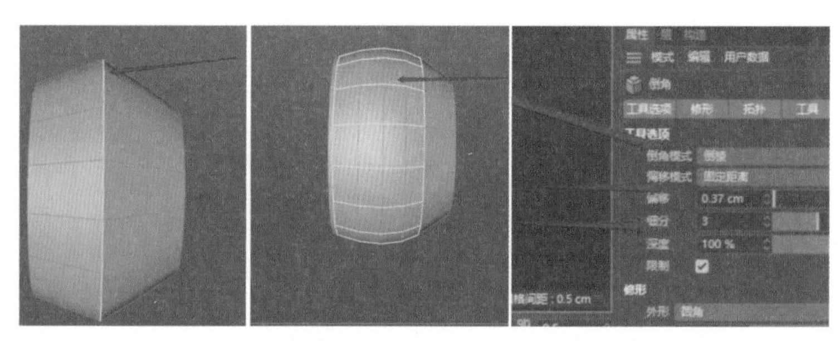

图 3-168

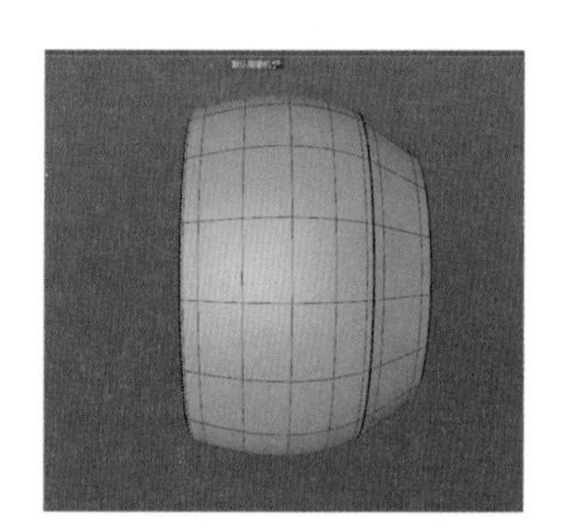

图 3-169

3.4.5 耳机线连接制作

1）创建参数化对象，调节“对象”基本属性，如图 3-170 所示。

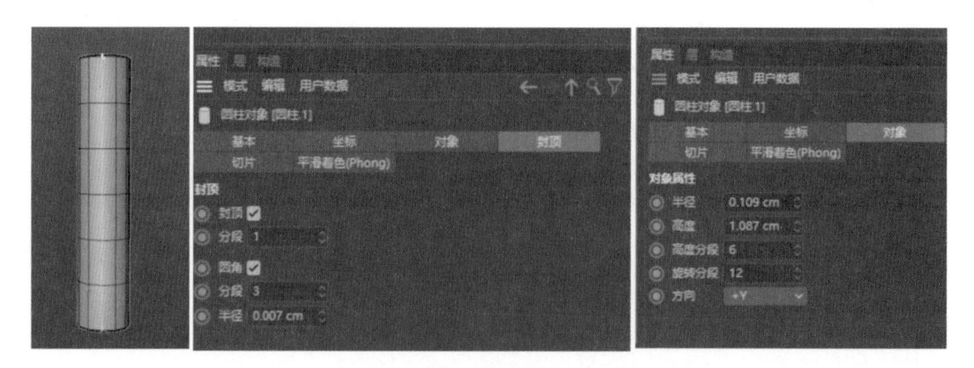

图 3-170

2）给圆柱体添加“锥化”变形器，调节变形器基本属性，如图 3-171 所示。

3）添加“弯曲”变形器，调节变形器基本属性，如图 3-172 所示。

耳机线连接制作完成。

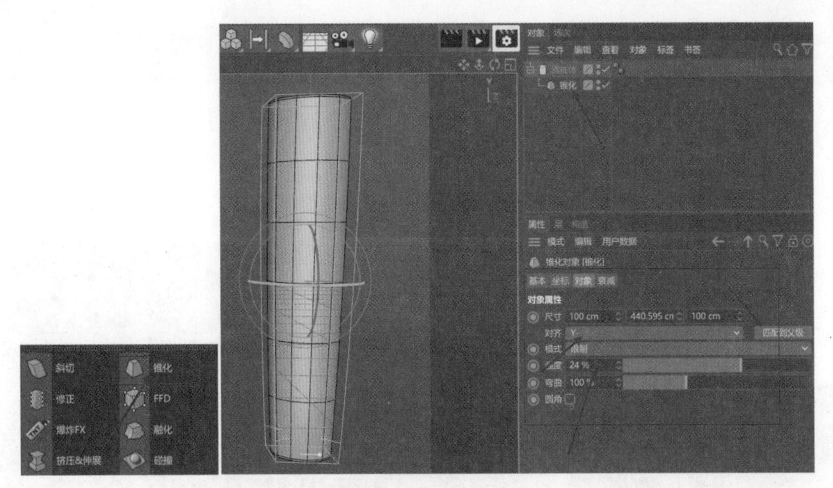

图 3-171

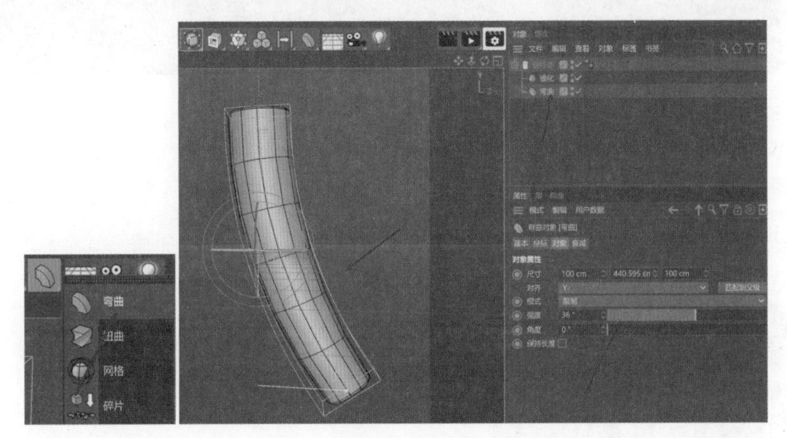

图 3-172

3.4.6 耳机线制作

1）在右视图用“钢笔”工具创建如图 3-173 所示样条。

图 3-173

2）创建样条“圆环”，并调节基本参数，如图 3-174 所示。

3）创建“扫描”生成器，将“圆环”和“样条”作为“扫描”的子层级，并调节“扫描”的基本参数，如图 3-175 所示。

耳机线制作完成。

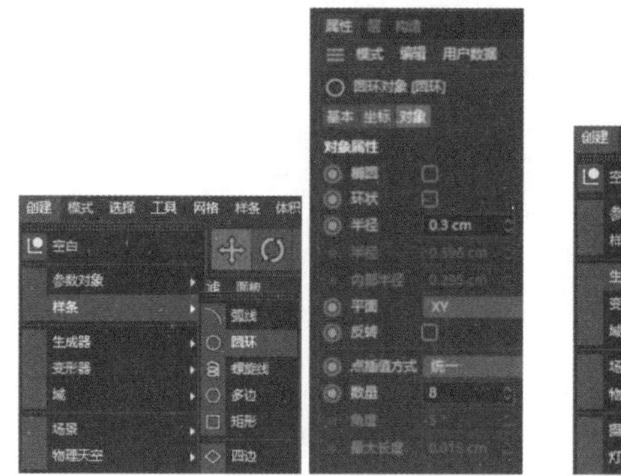

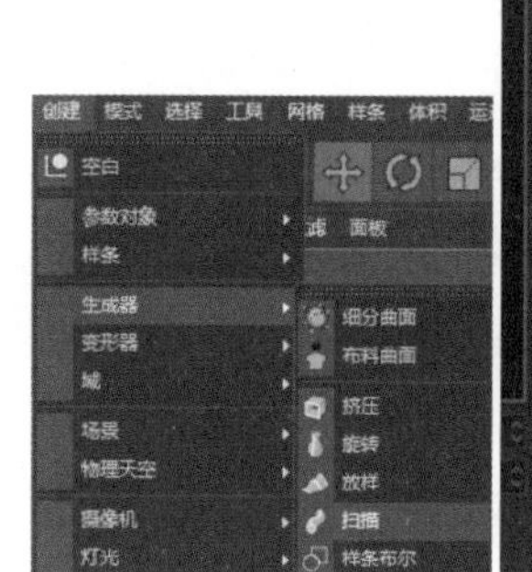

图　3-174

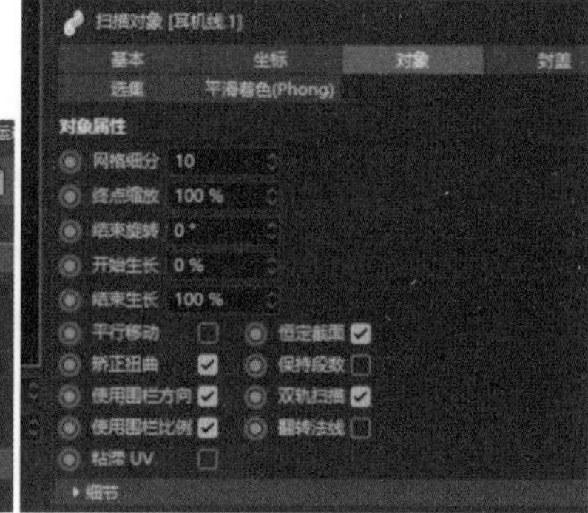

图　3-175

3.4.7　听筒制作

添加参数化对象“管道”和“圆柱体”，调节基本参数，如图 3-176 所示。

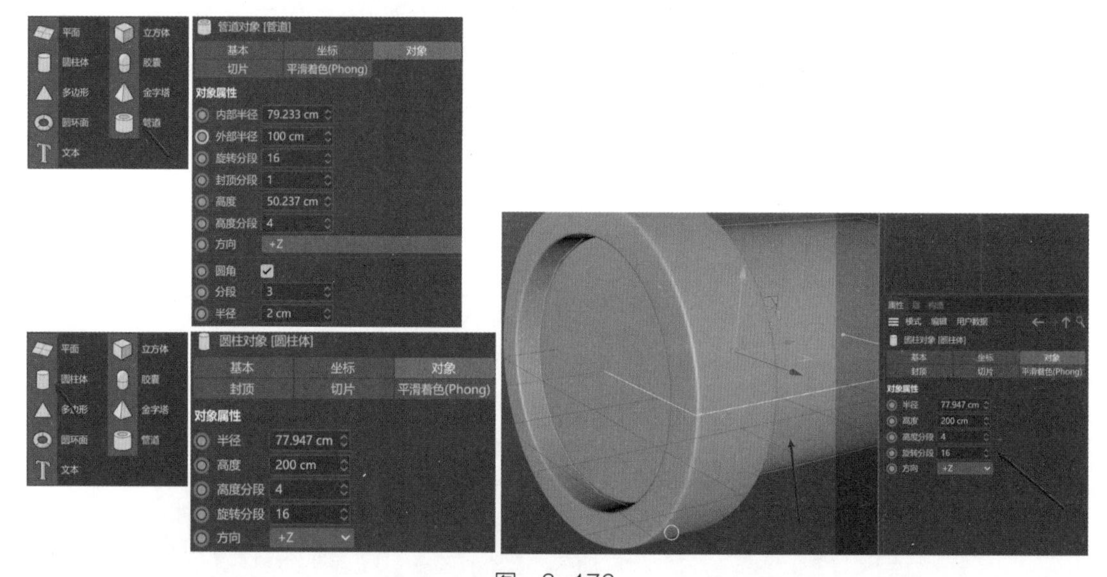

图　3-176

3.4.8　Logo 制作

1）打开提供的 Logo 路径素材，如图 3-177 所示。

2）添加“挤压”命令，并修改基本参数，如图 3-178 所示。

图 3-177

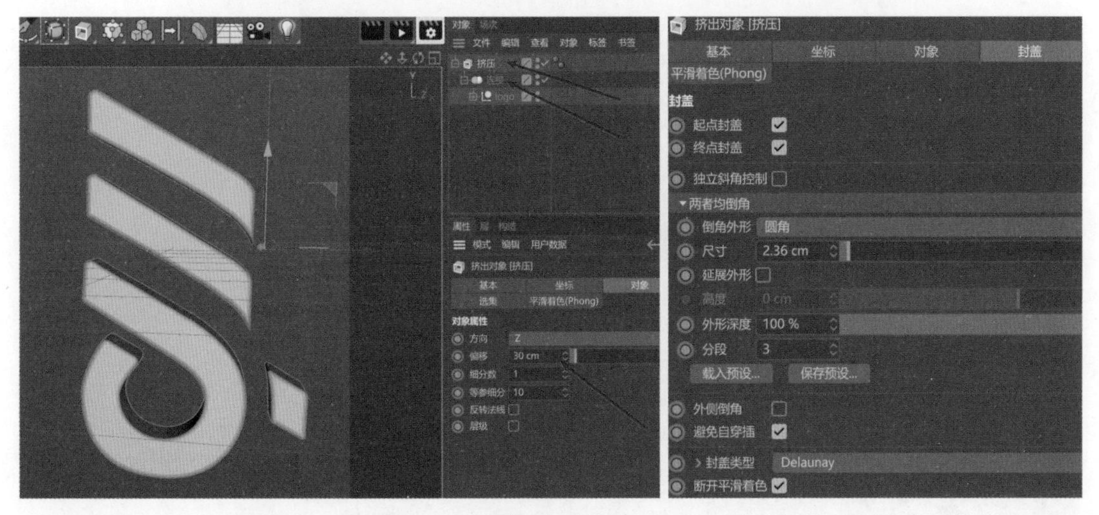

图 3-178

3）添加“弯曲”变形器，调节基本参数，添加空白对象，将“挤压”和“弯曲”作为空白对象的子层级，如图 3-179 所示。

Logo 部分制作完成。

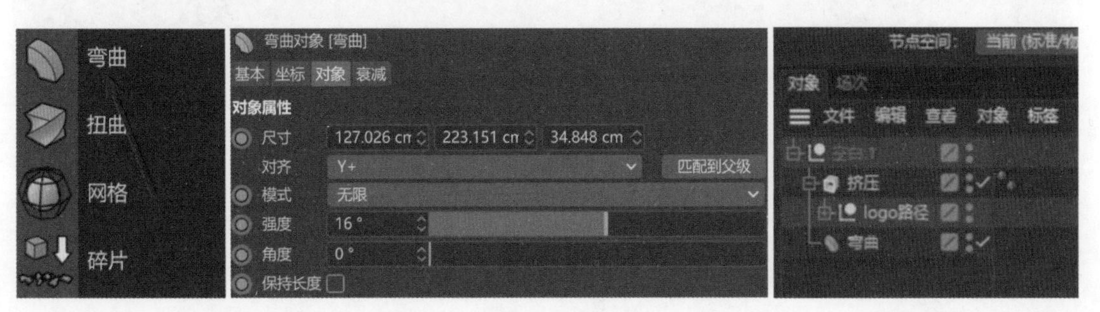

图 3-179

3.4.9 模型零件拼合

1）把所有部件拼接装配到一起，如图 3-180 所示。

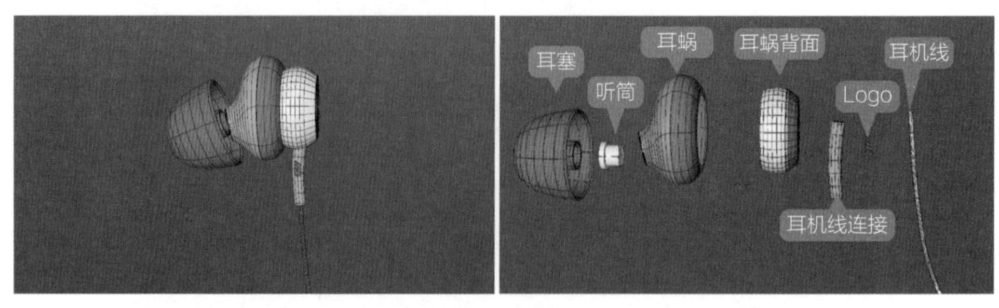

图 3-180

2）对产品进行渲染。

3.4.10 渲染打光

1）模型搭建完成后，进入渲染阶段，先调整好出图大小，确定相机视角，并把“焦距”调整为“60”，然后添加保护标签，如图 3-181 所示。

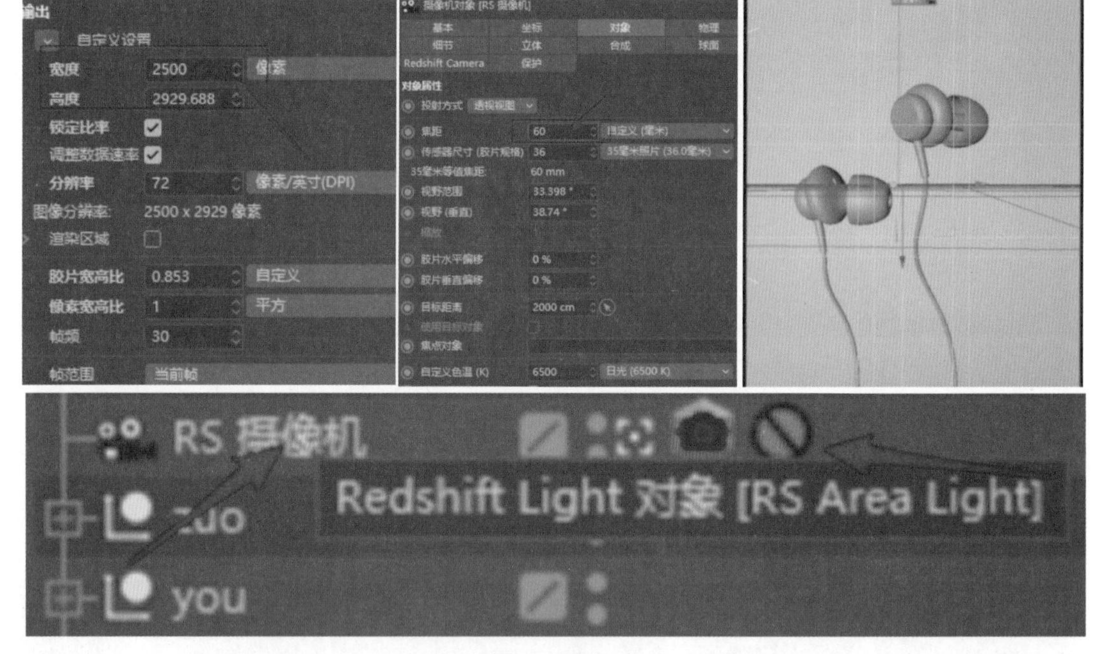

图 3-181

2）确定主光源的位置及大小，主光打在右上角，注意不要产生太长的投影，因为产品比较小，投影面积过大会影响产品的表现，如图 3-182 所示。

3）在左侧打一盏辅助光，亮度小一点，和主光拉开光比，如图 3-183 所示。

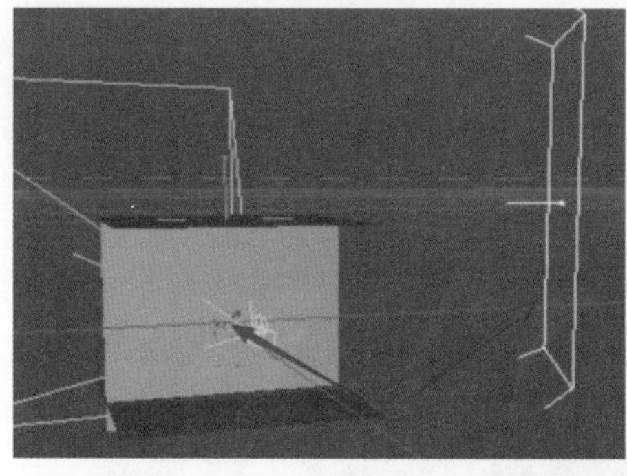
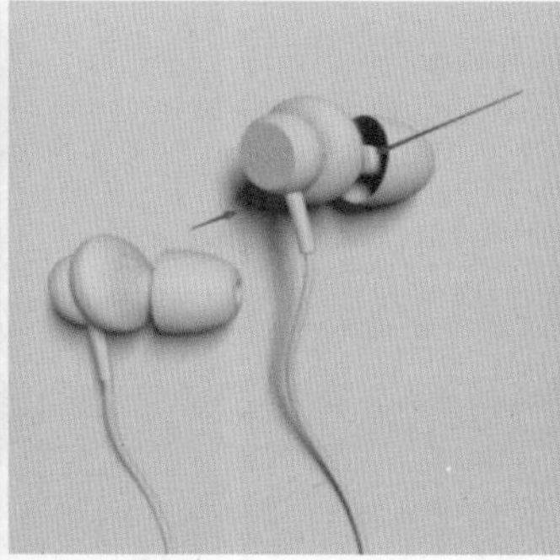
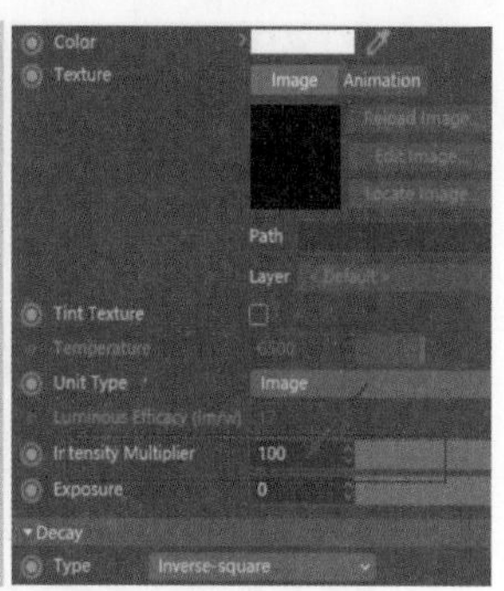

图 3-182

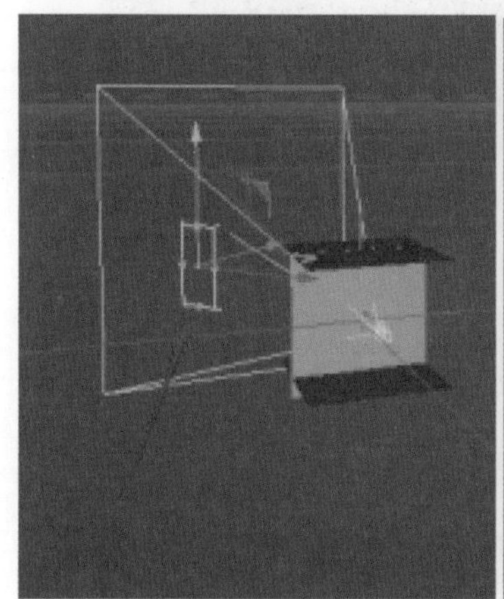
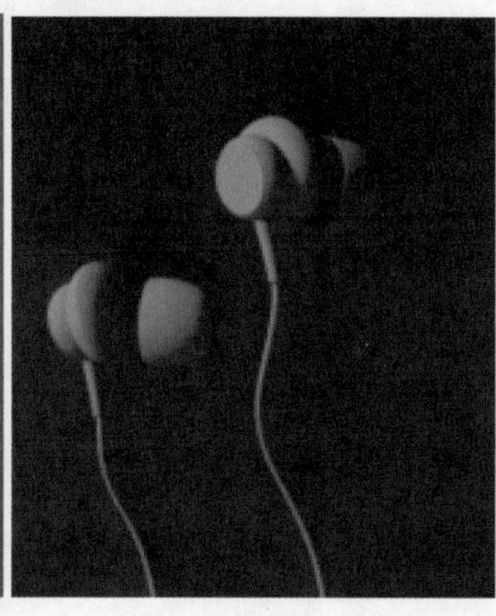

图 3-183

3.4.11 材质调节

1）调整背景材质。可以直接设置一个纯色背景，反射强度降低，设置粗糙度。或设置一个布纹贴图，只需要贴凹凸和粗糙度，如图 3-184 所示。

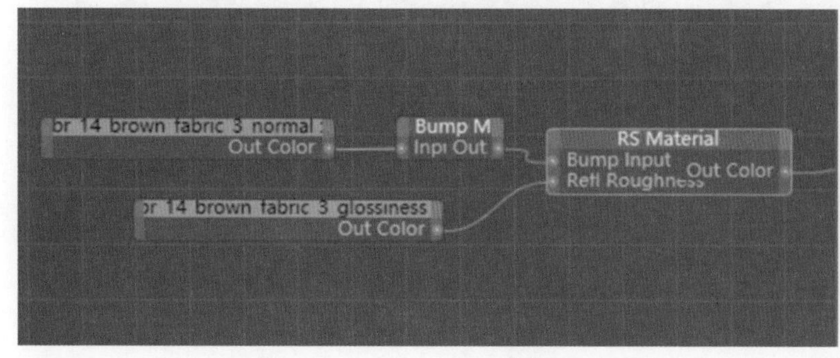

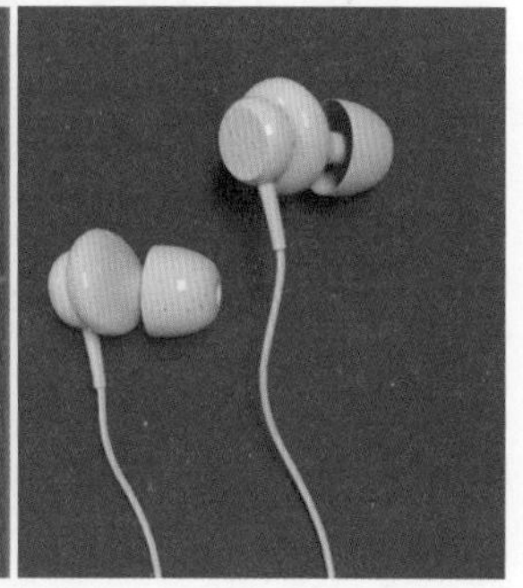

图 3-184

2）调整金属材质。创建一个通用材质，并把 Fresnel Type 改为 Metalness，然后调整 Metalness 值为“1”。把 BRDF 调整为 GGX。然后可以通过漫反射颜色调整金属颜色，通过 Anisotropy 各向异性，调整光影变化，如图 3-185 所示。

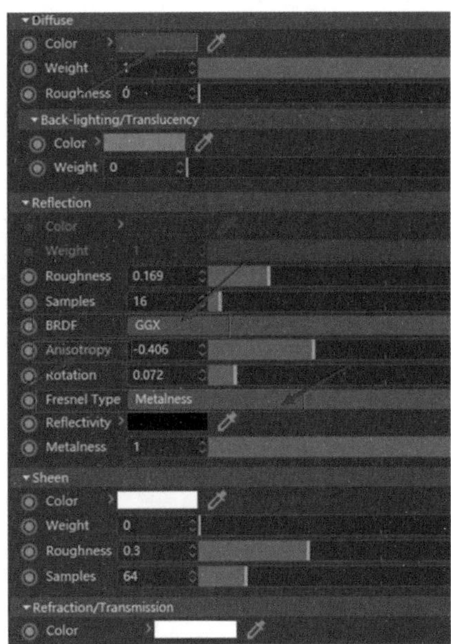

图 3-185

3）调整耳罩的材质。耳罩为半透明材质，需要先把 Refraction/Transmission 的强度加大，形成透明状，然后设置反射粗糙度，并把反射强度降低，如图3-186所示。

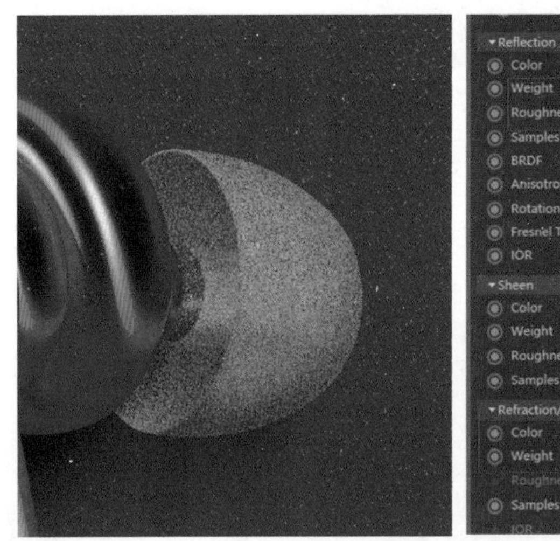
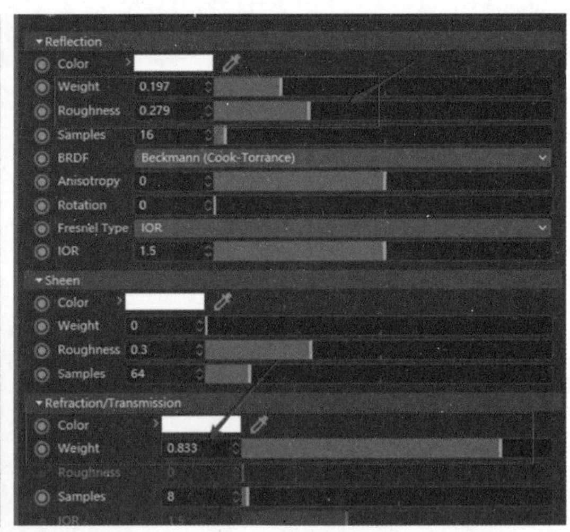

图 3-186

4）调整漫反射颜色为红色，并且调整Back-lighting/Translucency颜色和强度，如图 3-187 所示。

5）观察发现，透明程度太高，缺少胶状感，所以进入 Sub-Surface 调整透光颜色和散射颜色的值（透光颜色，指的是光线穿过物体所呈现的颜色。值越大，密度越高，吸收光线越大。散射颜色，指的是光线进入物体后，光线反弹大小，在一定范围内值越大，光线越亮），如图 3-188 所示。

图 3-187

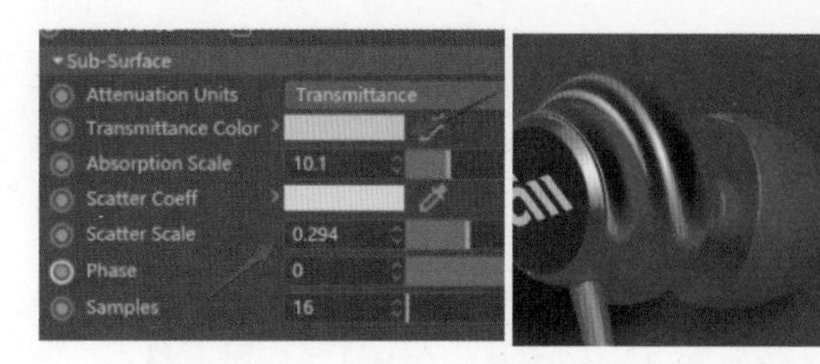

图 3-188

6）耳机线的材质调节，只需要创建一个通用材质，然后设置粗糙度和降低反射强度，最后调整漫反射颜色和 Back-lighting/Translucency（背光强度和颜色），如图 3-189 所示。

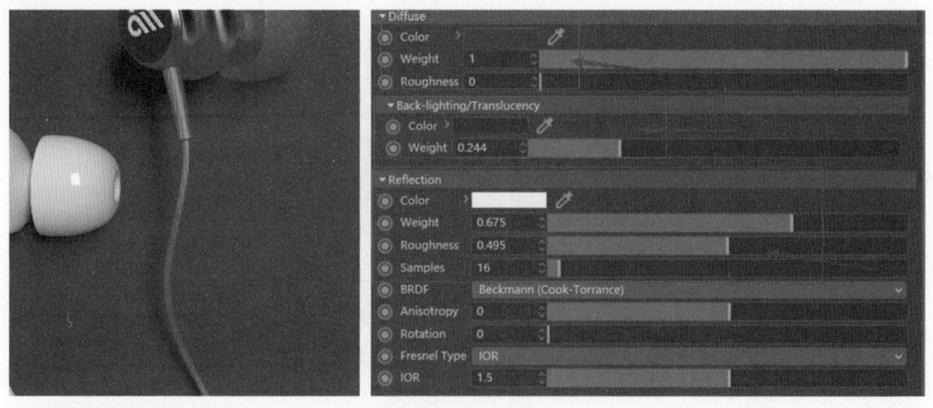

图 3-189

7）给 Logo 创建一个金属材质并设置粗糙度，观看一下整体效果，如图 3-190 所示。

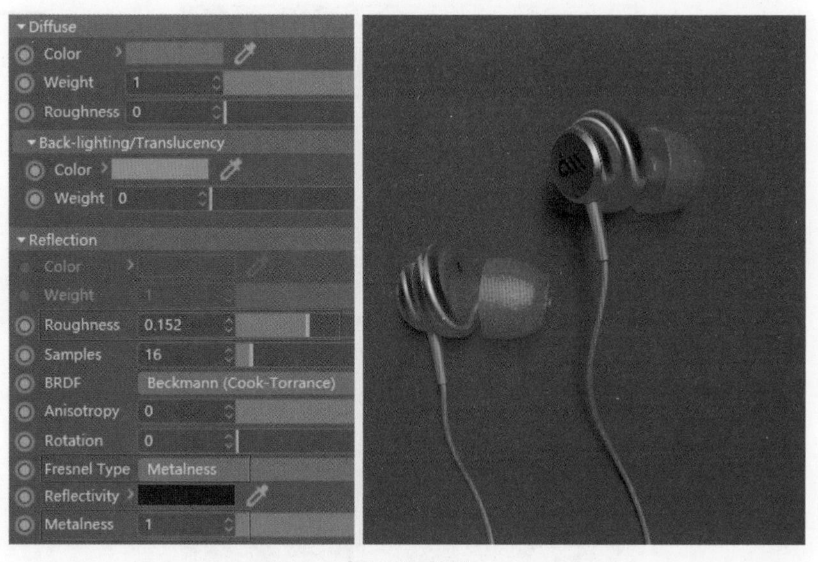

图 3-190

8）观察发现 Logo 部分没有光，太暗，耳机线也没有体积，需要进行补光，如图 3-191 所示。

9）新建两盏灯，分别对 Logo 部位和耳机线进行补光处理，如图 3-192 所示。

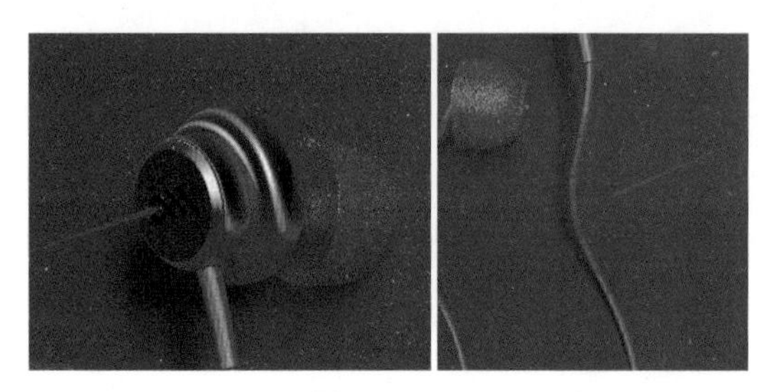

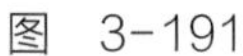

图 3-191

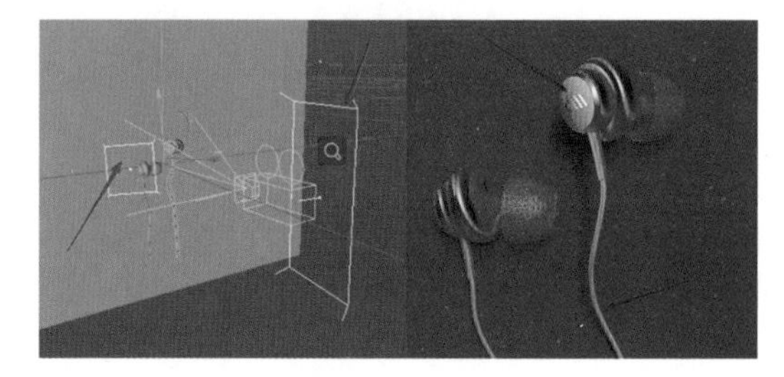

图 3-192

10）渲染出图。把渲染模式改为高级，并打开降噪，如图 3-193 所示。

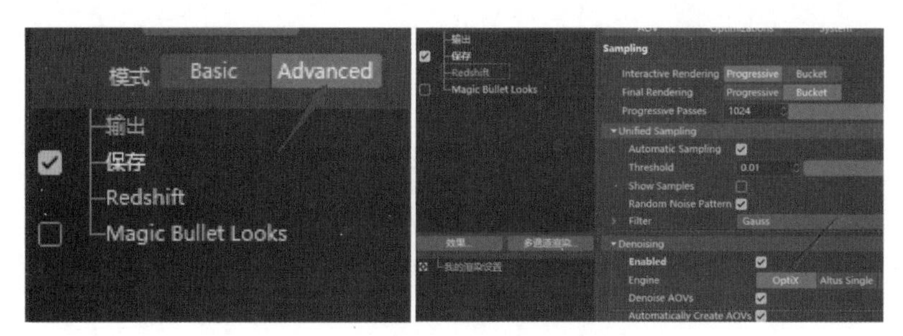

图 3-193

3.4.12 最终效果图展示

最终效果图展示如图 3-194 所示。

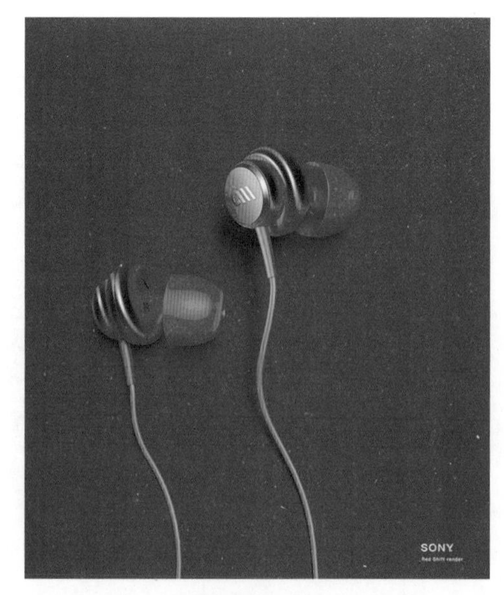

图 3-194

04

渲染强化

本章将进行渲染强化训练，通过特殊的效果表达，加强对光影、材质和渲染氛围的把控。

4.1 Cinema 4D 渲染强化：白产品渲染

本节将进行渲染强化训练，通过表达特殊的效果，加强对光影、材质和渲染氛围的把控，如图 4-1 所示。

图 4-1

本案例知识点：白产品打光、灯光排除应用、渲染输出、产品后期。

1）确定相机视角和渲染尺寸，如图 4-2 所示。

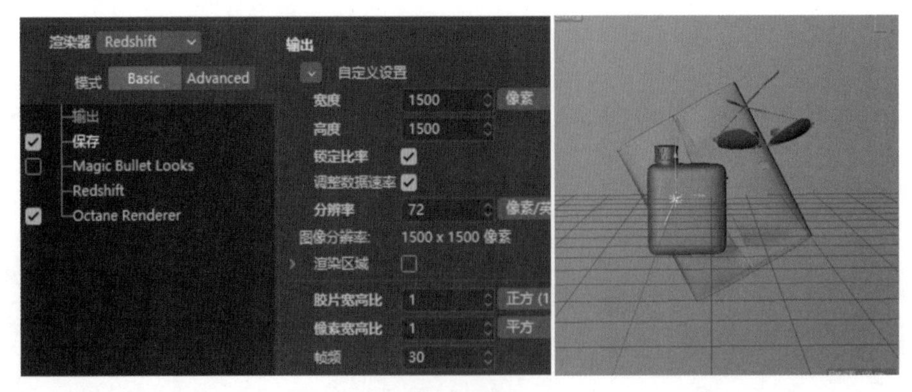

图 4-2

2）打主光源和辅光源，如图 4-3 所示。

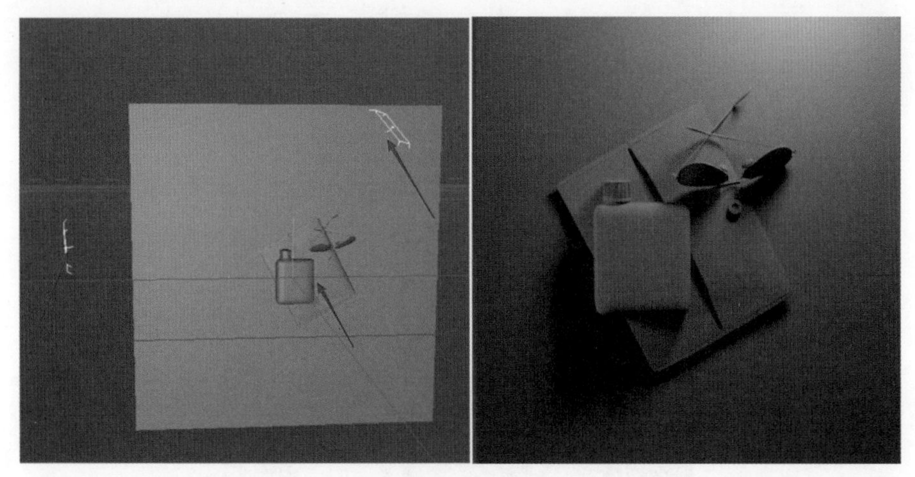

图 4-3

3）对地面材质进行调节。创建一个通用材质，调整为白色，并把反射强度降低，粗糙度加大，如图 4-4 所示。

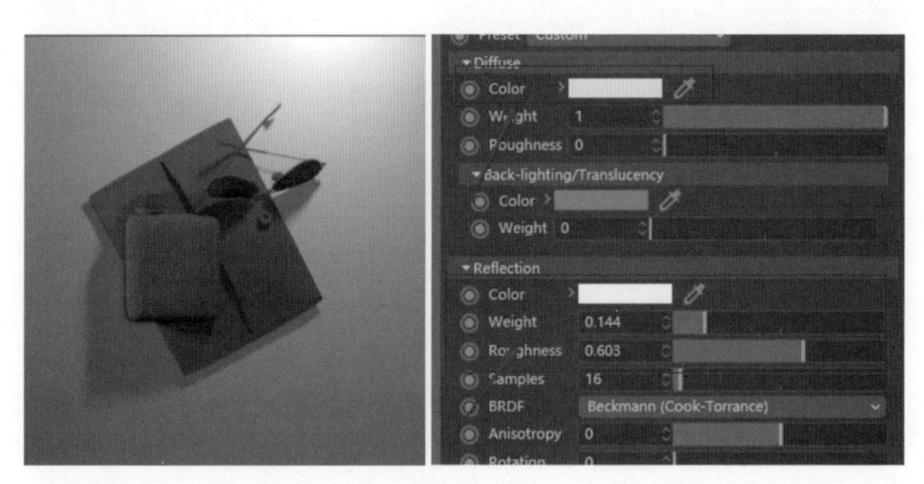

图 4-4

4）调整皮革材质。这里用一张皮革凹凸贴图，贴到物体上，观察效果，如图 4-5 所示。

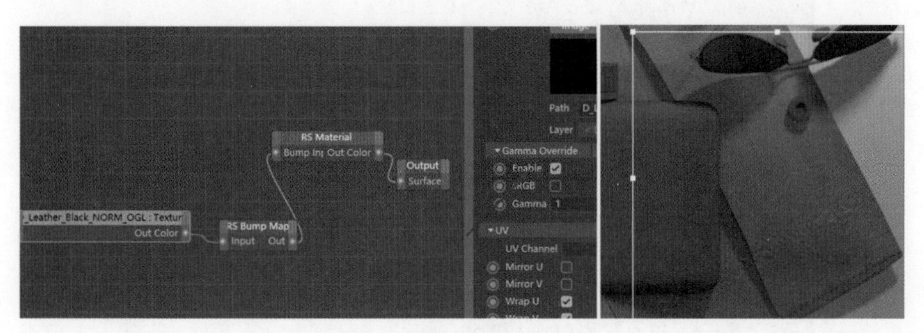

图 4-5

5）观察发现 UV 不对，在对象栏单击“皮革对象”后面的“材质球”，在属性栏把投射类型改为立方体，如图 4-6 所示。

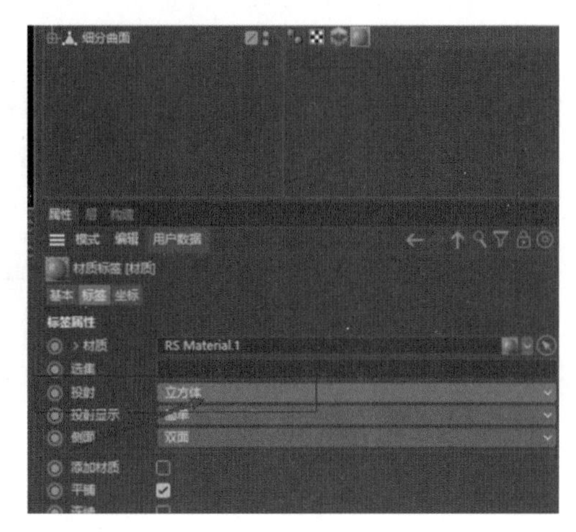

图 4-6

6）在漫反射中把皮革材质的颜色改为肉色，如图 4-7 所示。

图 4-7

7）调整白色产品的材质。创建一个通用材质，然后添加 Noise 到凹凸，如图 4-8 所示。

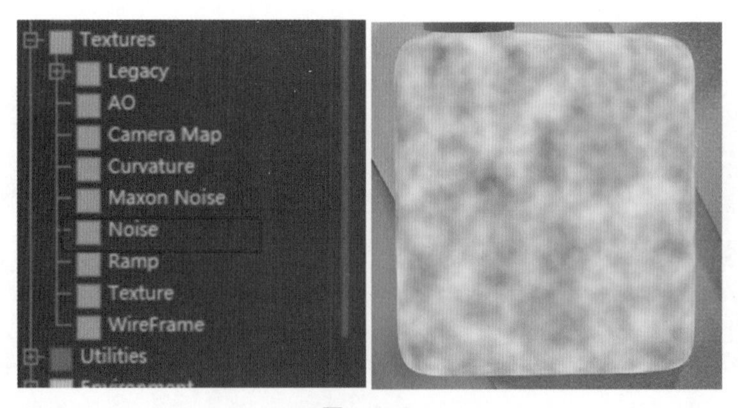

图 4-8

8）调整贴图大小，在 Noise（噪波）中调整如图 4-9 所示参数，进行纹理大小调整。

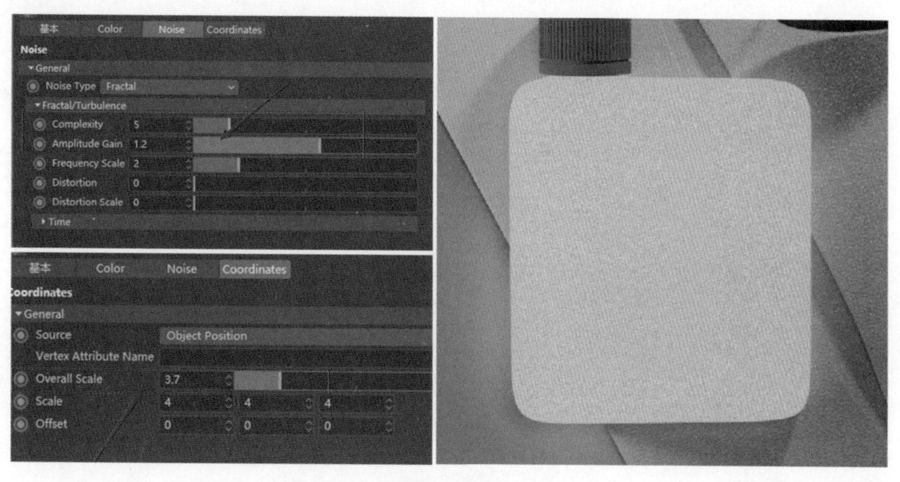

图 4-9

9）贴上图案，由于图案是黑色，而产品是白色，所以需做复合材质，在节点区找到材质和材质混合，进行材质混合，把原来的材质，接到混合材质的基础层，新建的材质接到层 1，贴图接到混合颜色并接上一个渐变，进行色彩反转，如图 4-10 所示。

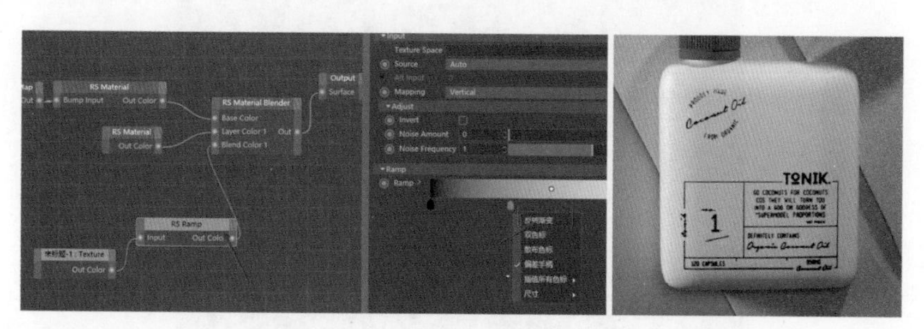

图 4-10

10）眼镜的设置：对应把金属和玻璃材质给到对象即可，如图 4-11 所示。

11）设置一个穹灯对整体提亮，如图 4-12 所示。

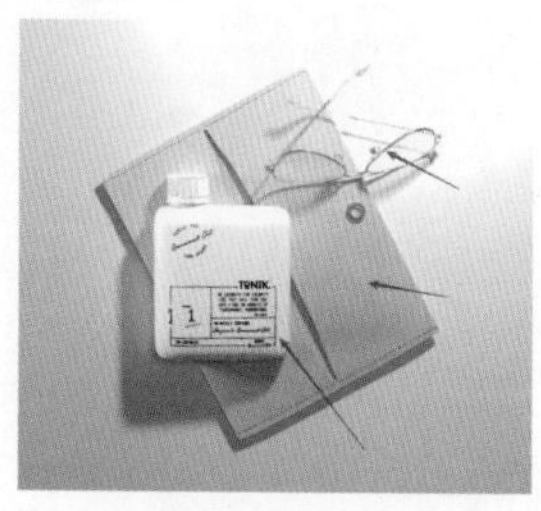

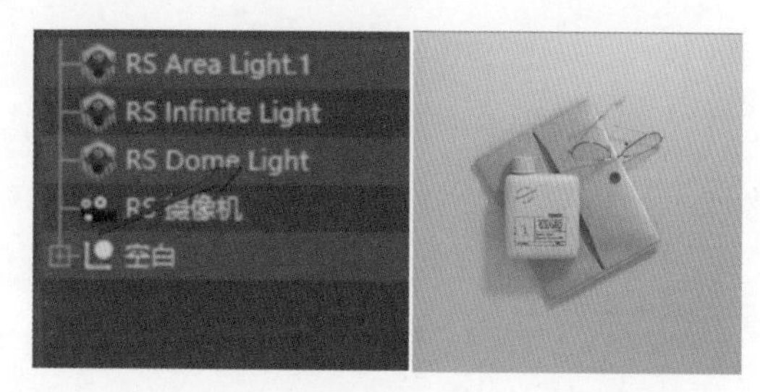

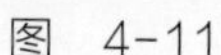

图 4-11　　　图 4-12

12）调整灯光的亮度，结果如图 4-13 所示。

13）渲染出图并使用 Photoshop 调整一下，结果如图 4-14 所示。

图 4-13

图 4-14

4.2 Cinema 4D 渲染强化：手表写实案例

本节将对手表进行渲染强化训练，如图 4-15 所示。

图 4-15

本案例知识点：做旧材质调节、产品打光、黑白贴图运用原理、渲染输出、产品后期。

4.2.1 打光

1）确定相机视角，以及画面比例，之后进行场景光打灯，添加一个 Dome Light 并加一个环境贴图，环境贴图需要比较暗的，把亮度调低，如图 4-16 所示。

2）在左上角打主光源，如图 4-17 所示。

3）在右侧打辅助光源，如图 4-18 所示。

4）观察发现，顶部有点暗，可在顶部再加上一盏辅助光源，如图 4-19 所示。

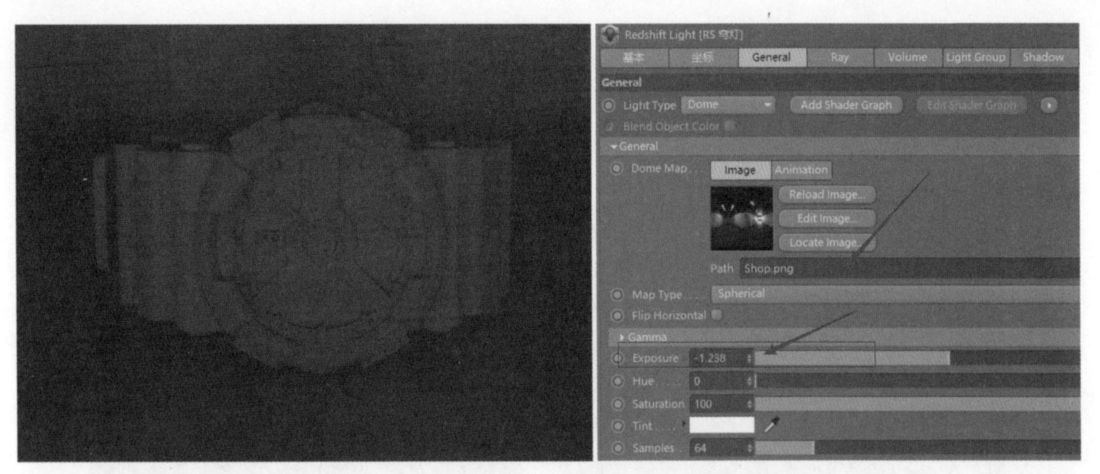

图 4-16

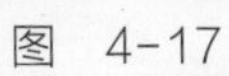

图 4-17

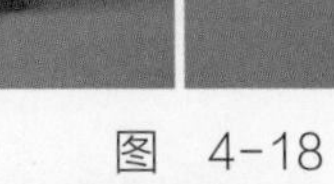

图 4-18

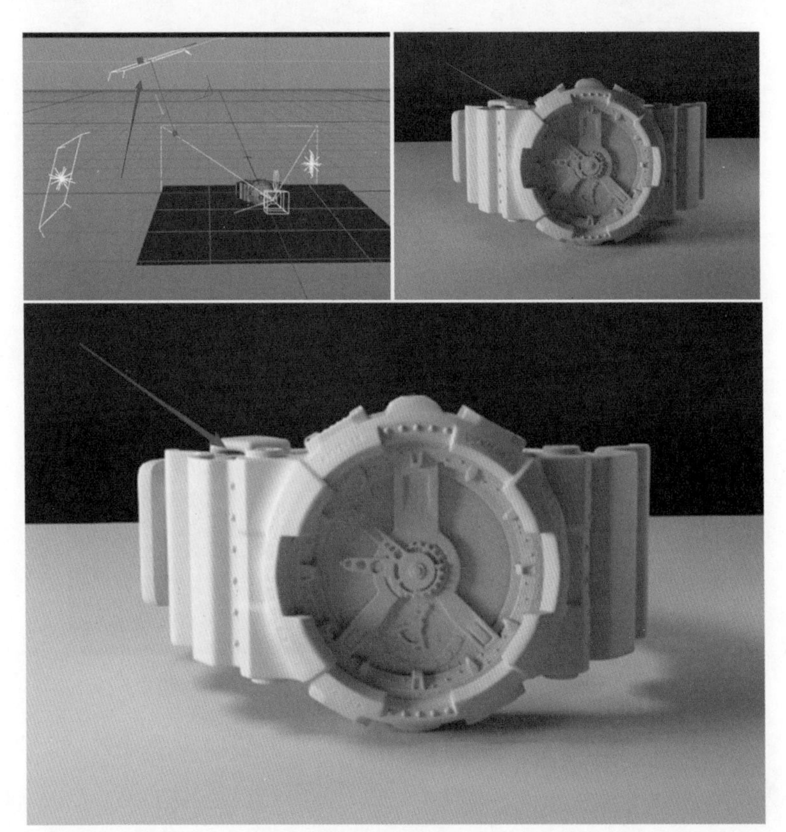

图 4-19

4.2.2 材质

1）给物体创建一个通用材质，并调整粗糙度和颜色，结果如图 4-20 所示。

2）加强材质的反射强度，达到如图 4-21 所示效果。

图 4-20

图 4-21

3）为了表达材质的质感，给材质加上噪波纹理给凹凸，加强塑胶质感，同时为了显得更加真实，添加一个黑白贴图和噪波进行混合，打破噪波均匀的凹凸质感，如图 4-22 所示。

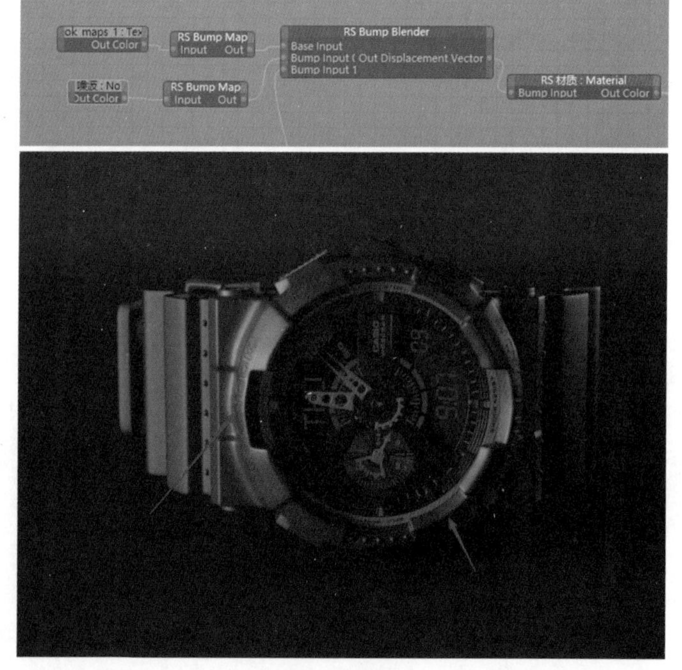

图 4-22

4）观察会发现，产品使用久了，边缘会磨损，需要做出磨损效果。先创建一个磨损效果的材质，把第一个调好的材质复制一份，并把凹凸强度加大，然后把颜色调浅一点，如图 4-23 所示。

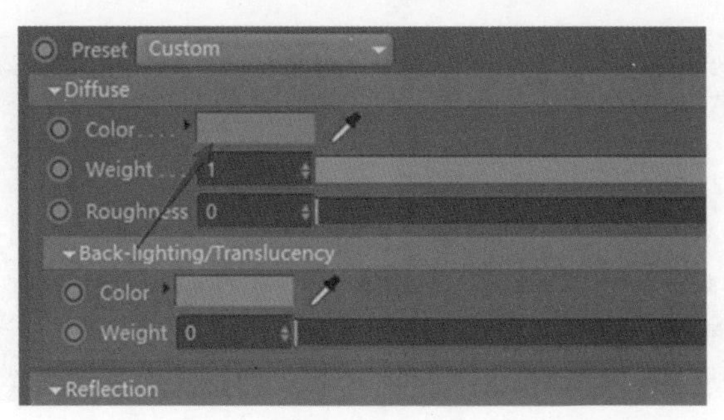

图 4-23

5）添加一个材质混合节点，并把刚创建的两个材质分别连到基础层颜色和图层 1 的颜色上，再加一个 Curvature（曲率）节点，连接到混合颜色层上，控制混合比例，由于曲率节点作用是显示物体的凸起或凹陷的边缘，对我们进行调节磨损效果有很大帮助，如图 4-24 所示。

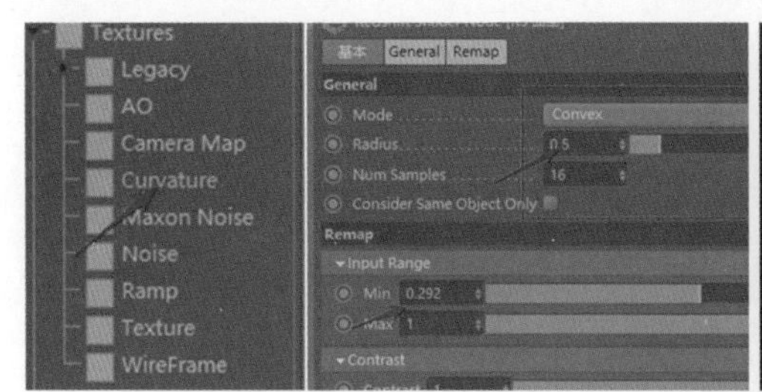

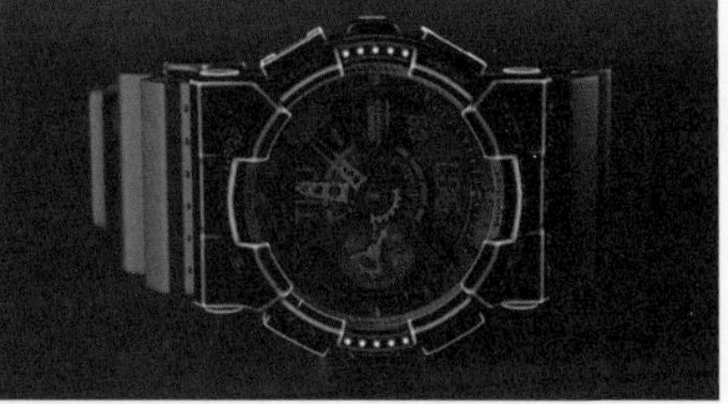

图 4-24

6）为了效果更加真实，需要打破材质颜色均匀的状态，再复制一份材质 1，并把颜色调得稍微浅一点，但是需要比设置的磨损边缘的材质深一点，连接到混合材质层 2 上，并添加一张黑白贴图控制混合颜色，如图 4-25 所示。

图 4-25

7）把材质复制到表带上，并调整状态，观看整体效果，如图 4-26 所示。

8）调整光的强度，渲染出图，如图 4-27 所示。

图 4-26

图 4-27

4.3 Cinema 4D 渲染强化：Airpods 耳机渲染

本节将对 Airpods 耳机进行渲染强化训练，如图 4-28 所示。

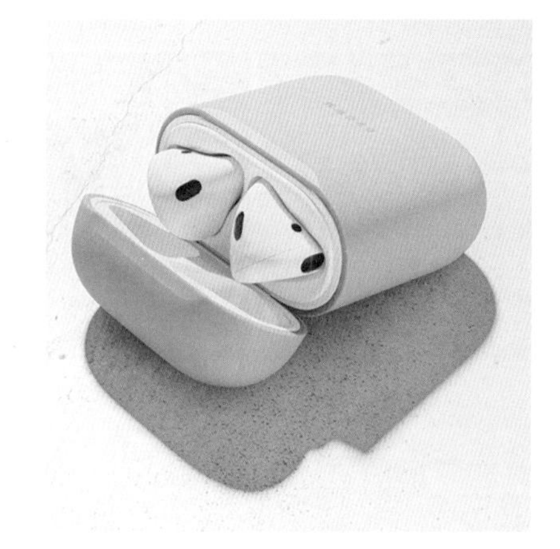

图 4-28

本案例知识点：橡胶材质调节、白色塑料材质、产品布光、地面材质调节。

1）场景搭建，如图 4-29 所示。

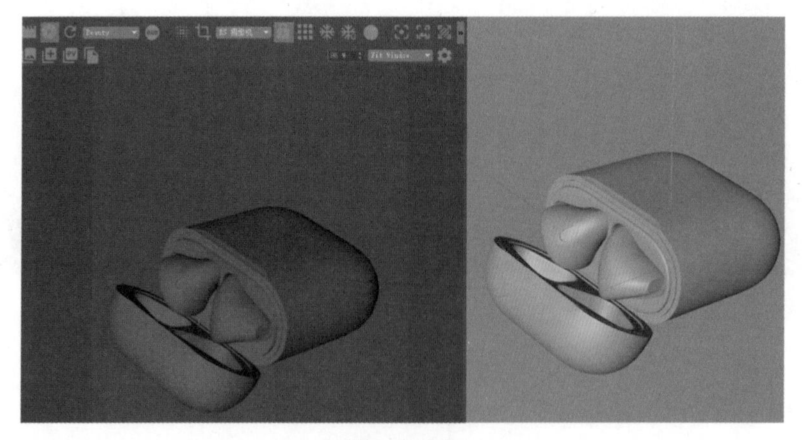

图 4-29

2）打一盏主光源，发现画面太黑，如图 4-30 所示。

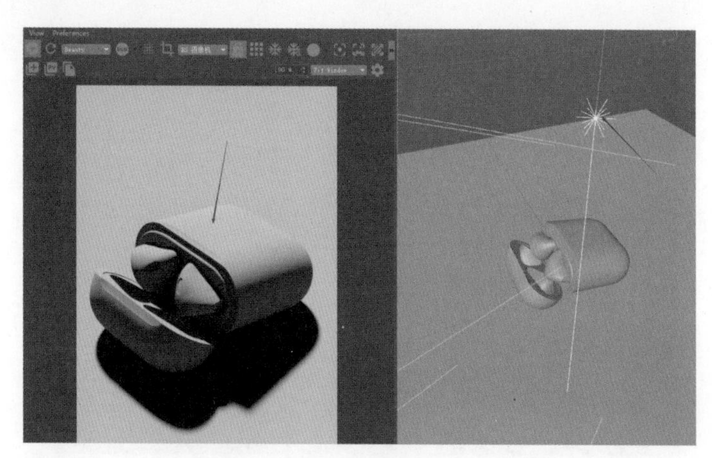

图 4-30

3）加一个穹顶灯，并调整灯光强度，如图 4-31、图 4-32 所示。

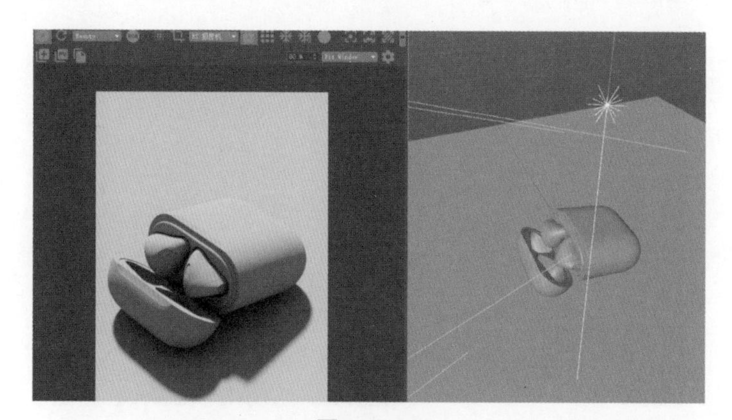

图 4-31

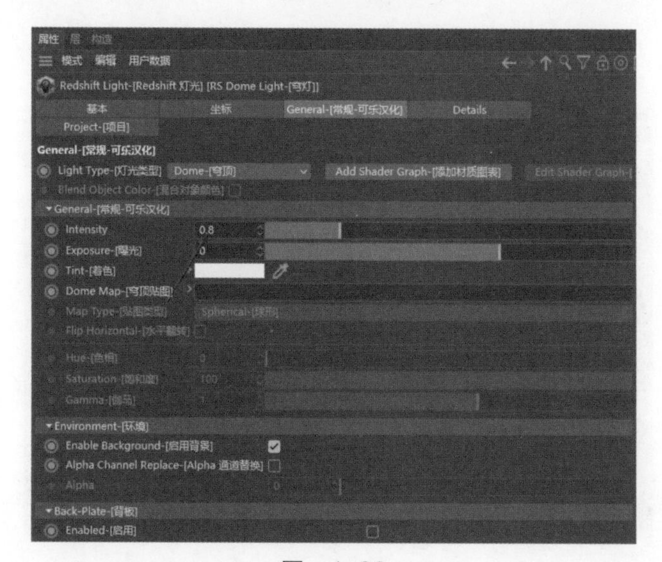

图 4-32

4）对侧面暗部进行补光，如图 4-33 所示。

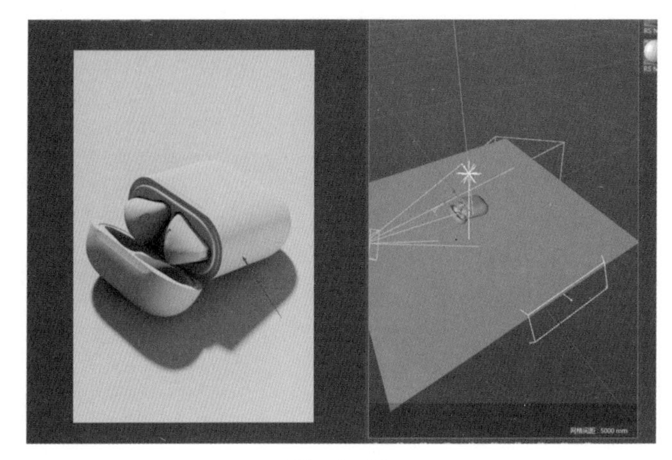

图 4-33

5）对前面暗部进行补光，如图 4-34 所示。

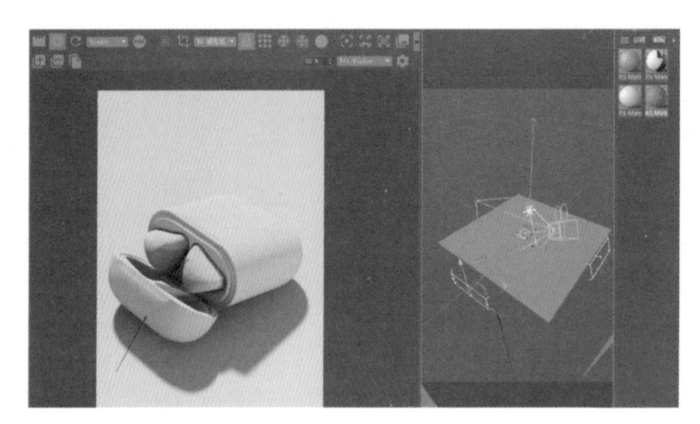

图 4-34

6）完成打光，如图 4-35 所示。

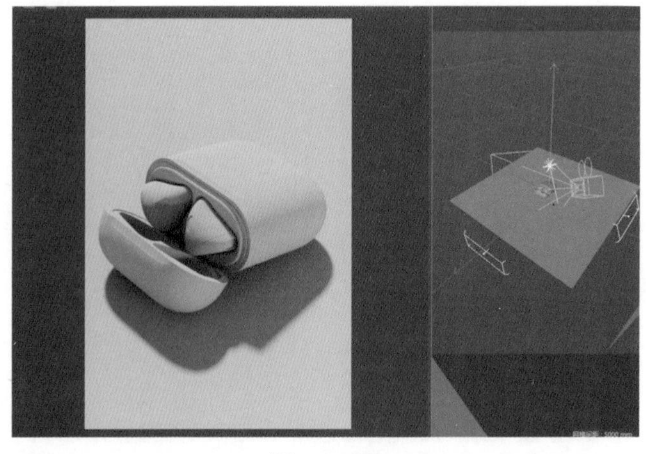

图 4-35

7）调节地面材质，如图 4-36 所示。

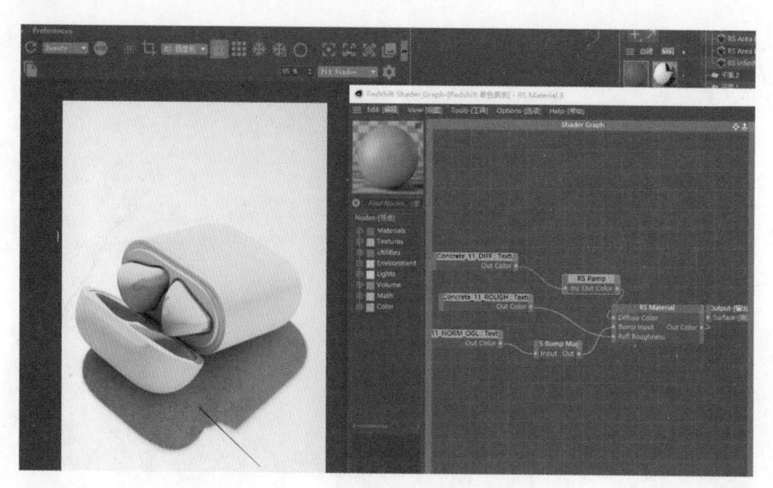

图 4-36

8）找到贴图，对应贴到对应位置，如图 4-37 所示。

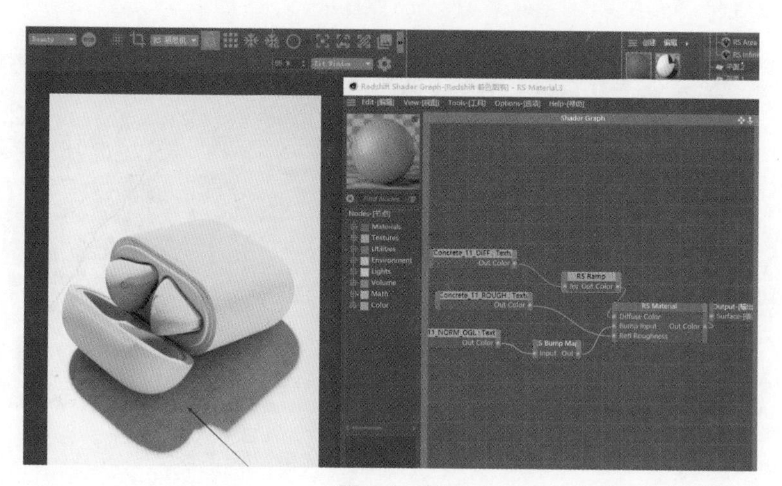

图 4-37

9）调节颜色空间，如图 4-38 所示。

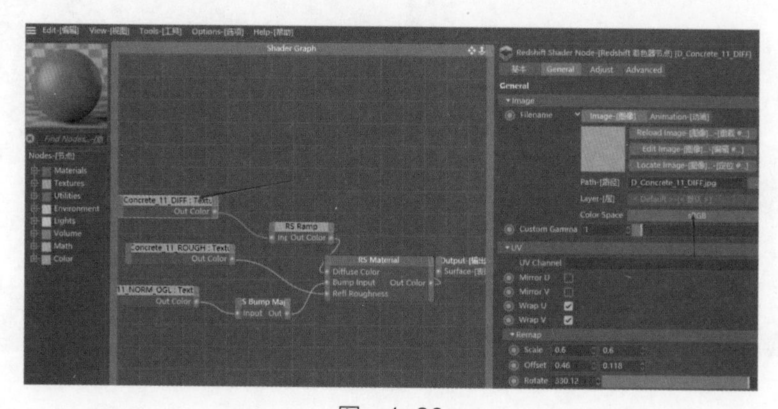

图 4-38

10）调整橡胶材质，创建一个基础材质，如图 4-39 所示。

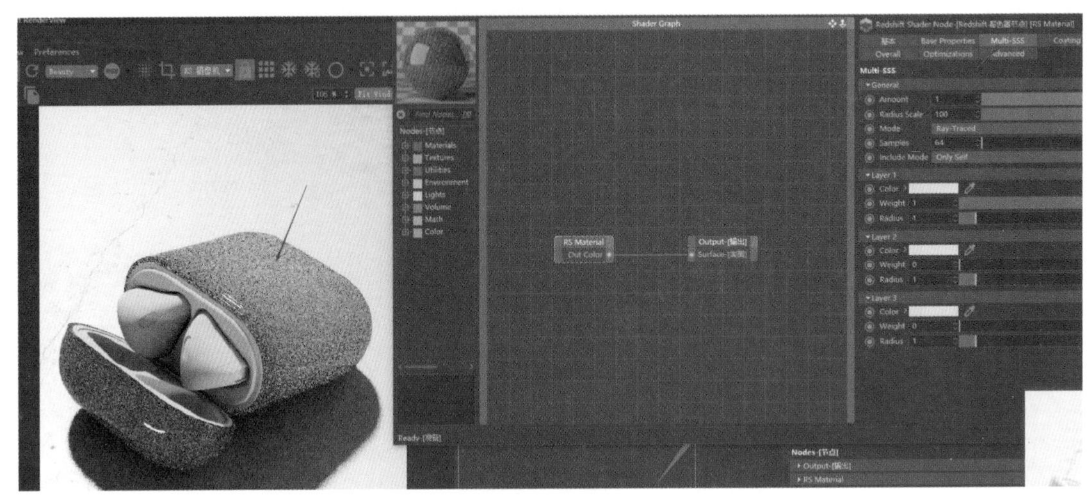

图 4-39

11）把基础材质漫反射调整好，并打开 Multi-SSS 属性，如图 4-40 所示。

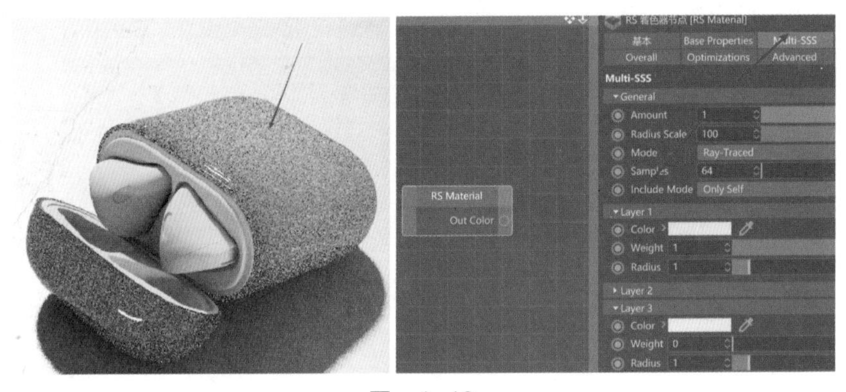

图 4-40

12）观察发现太透，调整透明半径为 2，如图 4-41 所示。

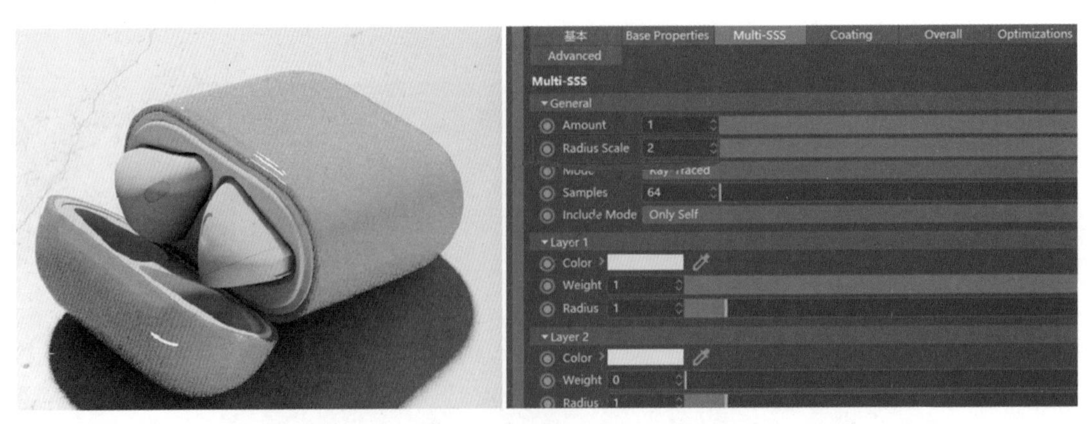

图 4-41

13）通过噪波影响漫反射颜色，使其表面颜色不均匀，如图 4-42 所示。

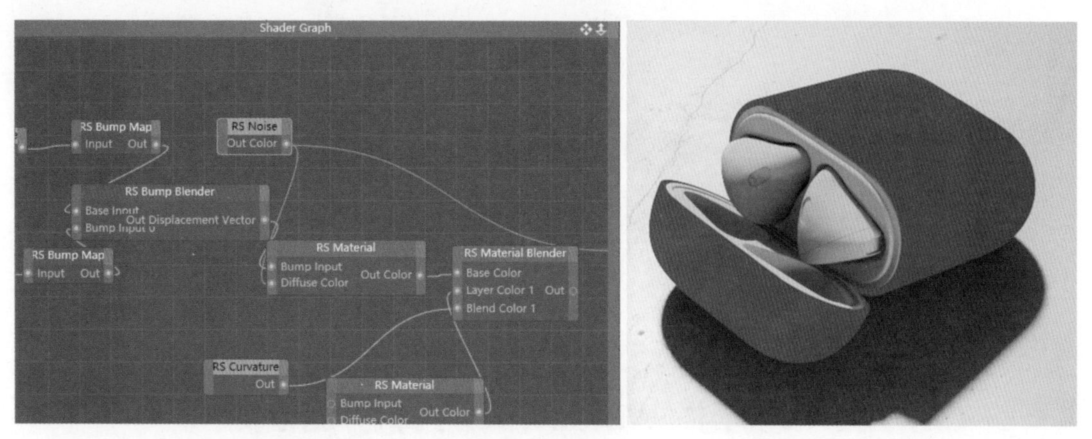

图 4-42

14）添加一个噪波凹凸，如图 4-43 所示。

15）调整耳机，创建一个白色材质，结果如图 4-44 所示。

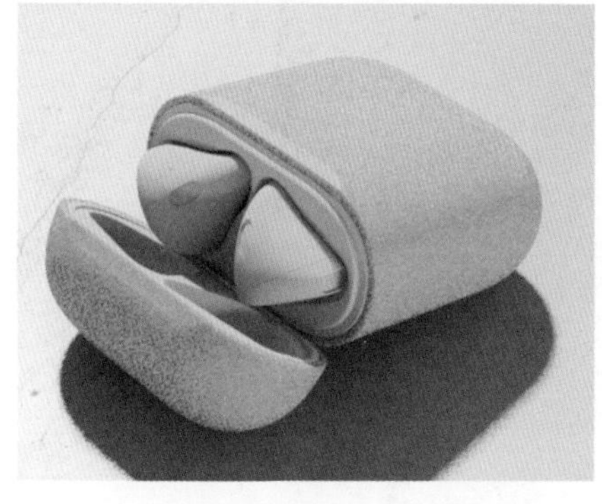

图 4-43

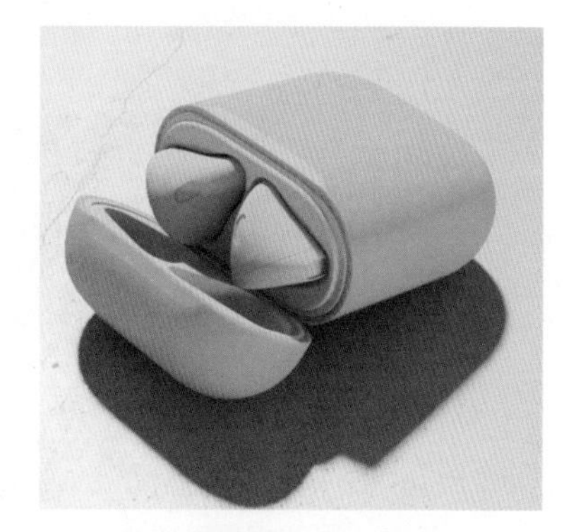

图 4-44

16）把白色向偏黄一点的颜色调整，如图 4-45 所示。

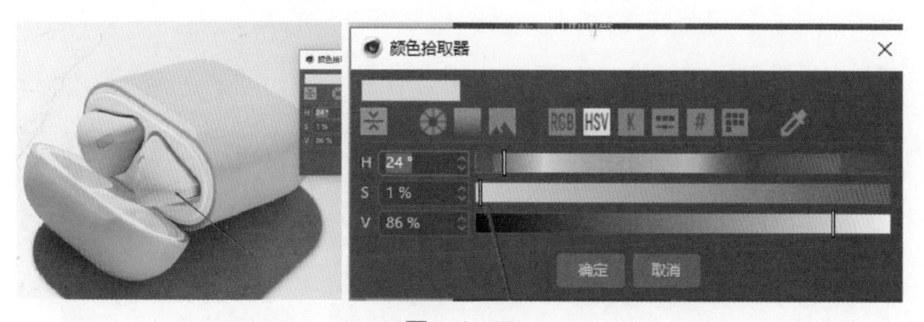

图 4-45

17）整体观看一下，并微调光源，如图 4-46、图 4-47 所示。

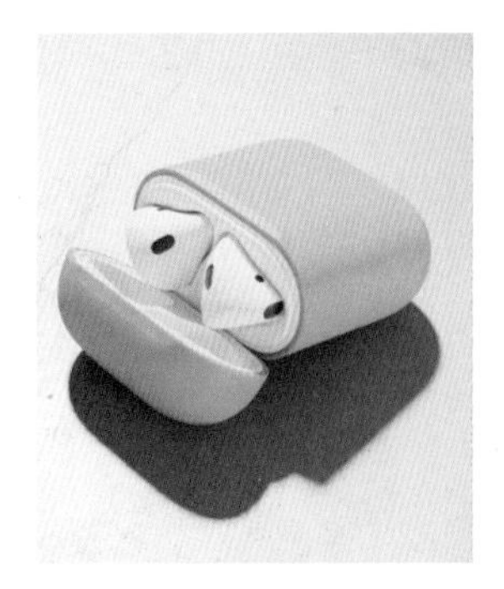

图 4-46

图 4-47

4.4 Cinema 4D 案例：Windows11 开机界面模拟

本节将使用软件 Cinema 4D S24 布料插件 Syflex Redshift 渲染器模拟 Windows 11 开机界面，如图 4-48 所示。

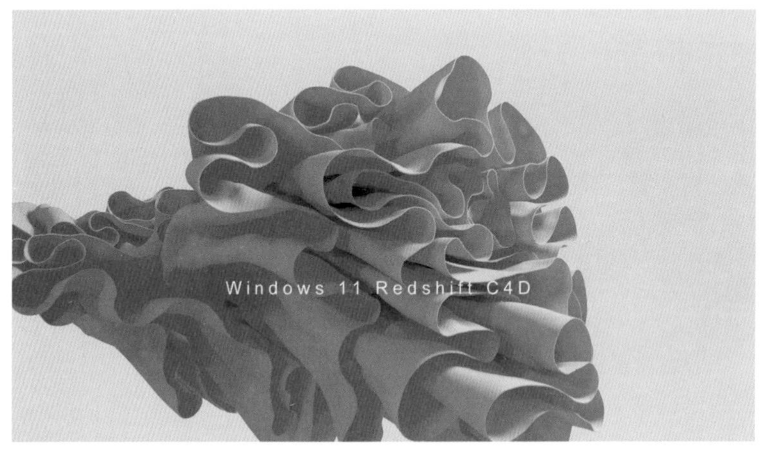

图 4-48

本案例知识点：Syflex 布料模拟、透光材质调节、布料打光。

1）创建一个圆盘，增加细分，如图 4-49 所示。

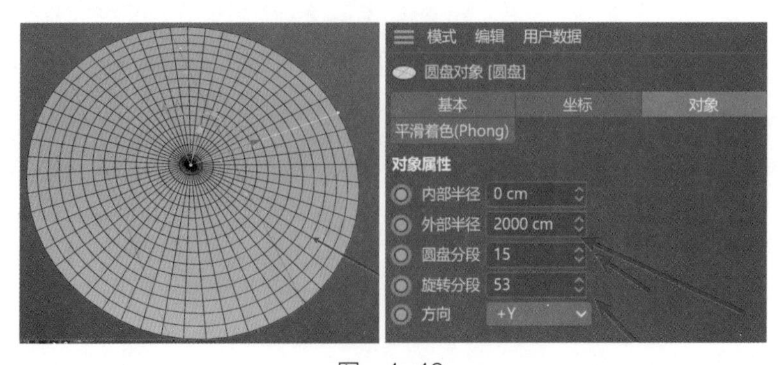

图 4-49

2）转为可编辑对象，并把中间部位删除，注意不要太大，如图 4-50 所示。

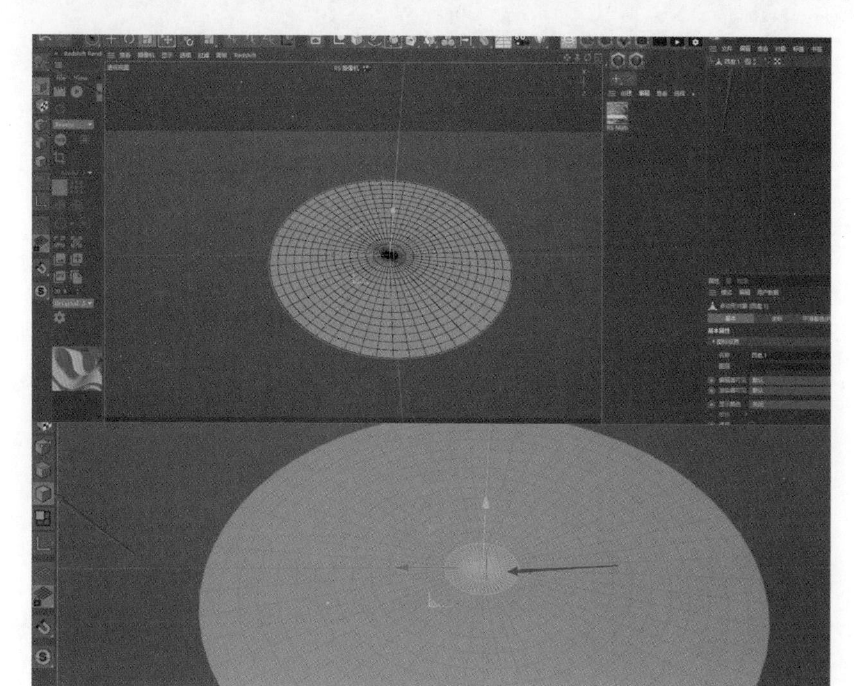

图 4-50

3）依次向上复制几份并调整大小，使圆盘大小不同，以使最终造型多变，如图 4-51 所示。

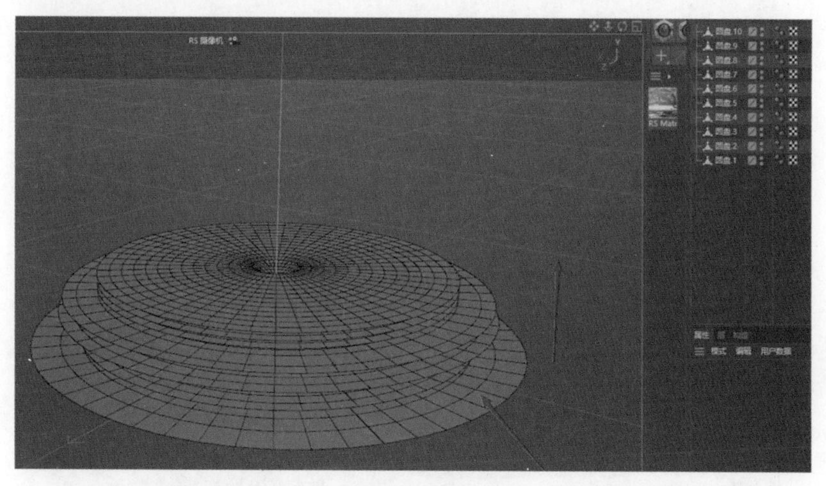

图 4-51

4）把调整好的圆盘执行“连接对象 + 删除”命令，使其成为一个对象，如图 4-52 所示。

5）再创建一个圆盘，增加细分，并转为可编辑对象，用于做碰撞，如图 4-53 所示。

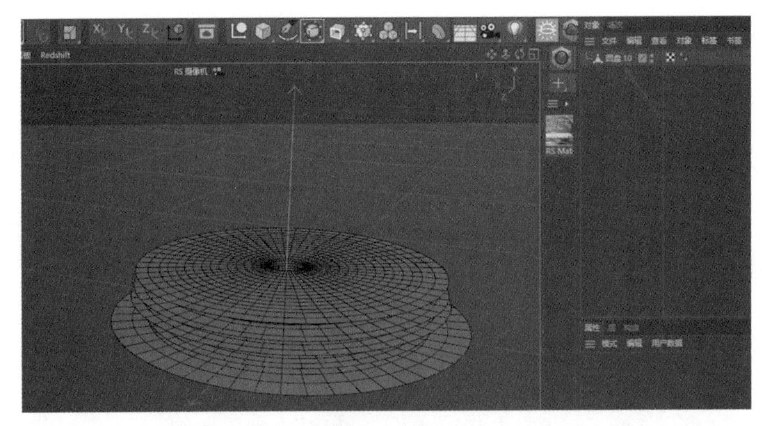

图　4-52

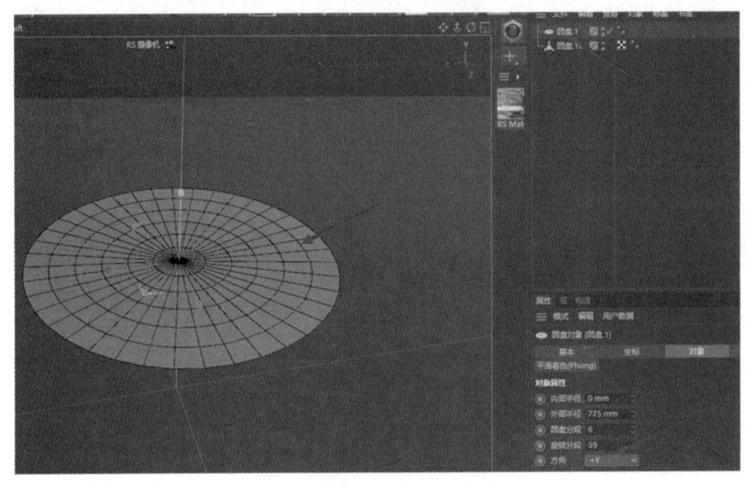

图　4-53

6）为避免解算不出来，将其做成实体，使用“挤压”命令，并创建封顶，然后细分并执行“连接对象＋删除”命令，如图 4-54、图 4-55 所示。

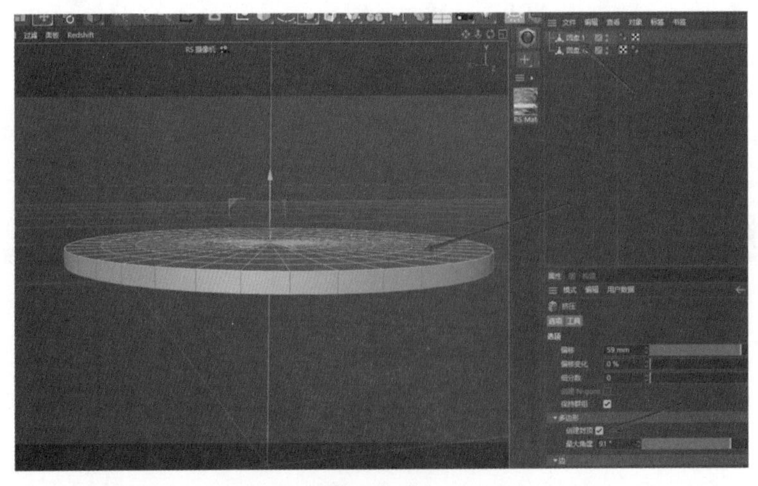

图　4-54

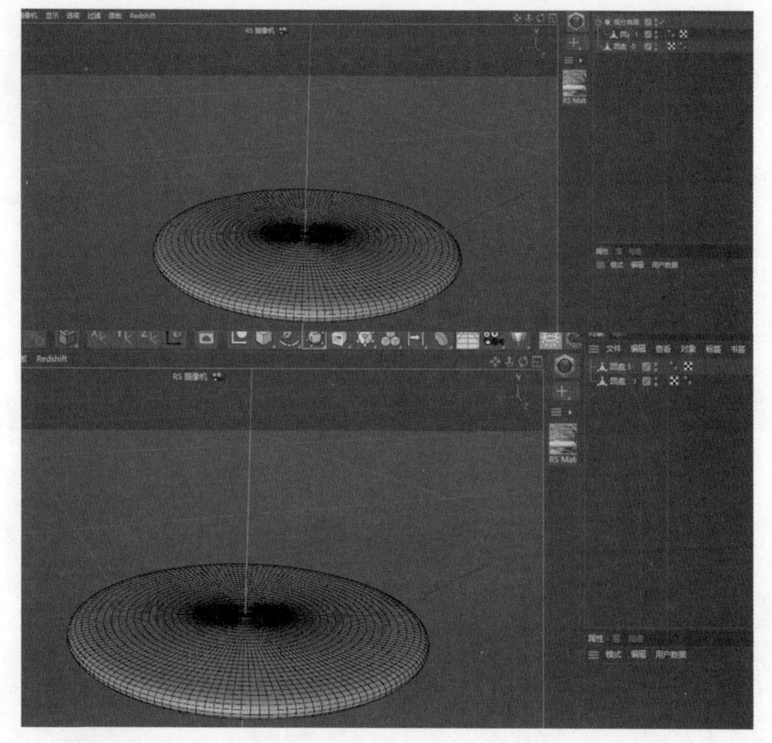

图 4-55

7）添加 Syflex 布料模拟系统，作为模拟对象的子层级，如图 4-56 所示。

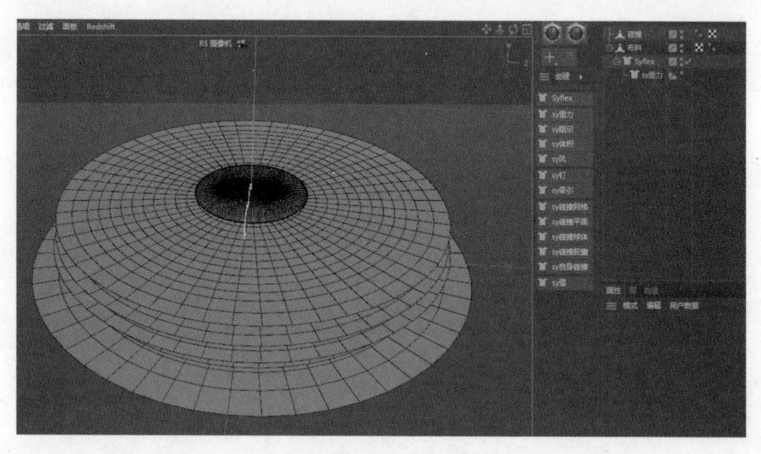

图 4-56

8）添加“sy 重力”为 Syflex 的子层级，并把“方向”改为“1”，如图 4-57 所示。

9）添加“sy 碰撞网格”为 Syflex 的子层级，并把“碰撞”对象拖入“sy 碰撞网格”的对象内，如图 4-58 所示。

10）单击“播放”按钮进行布料模拟，发现有很多自交现象，如图 4-59 所示。

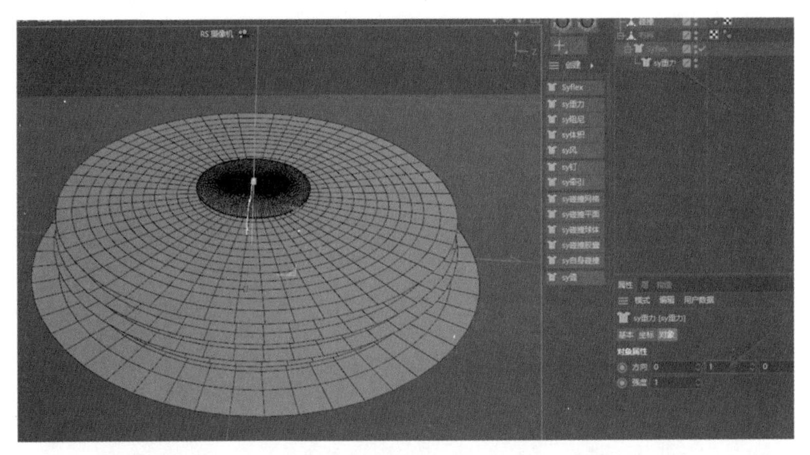

图 4-57

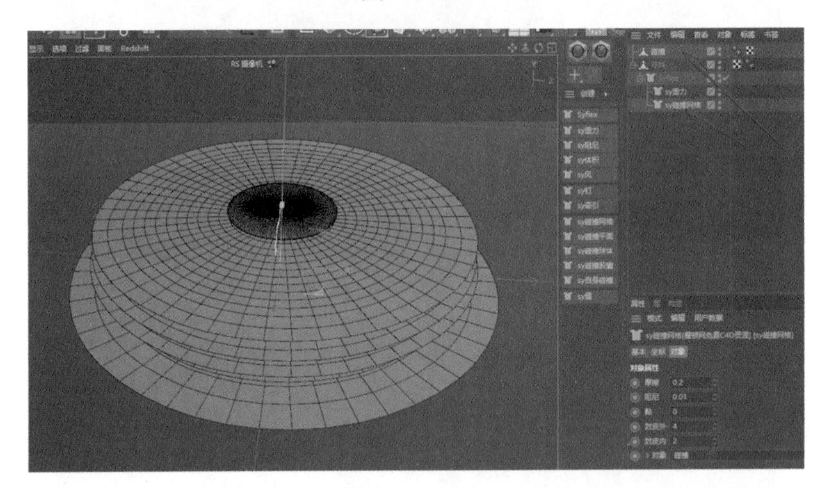

图 4-58

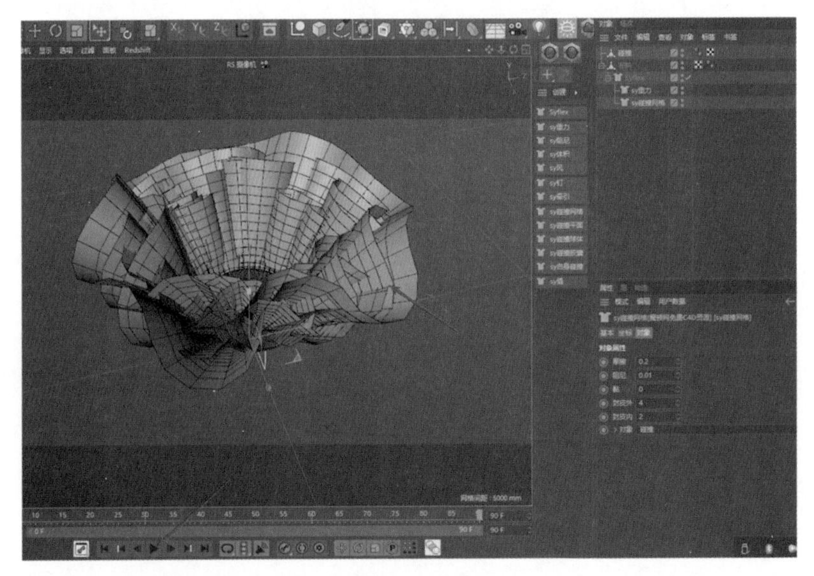

图 4-59

11）添加“sy 自身碰撞”为 Syflex 的子层级，再次计算，如图 4-60 所示。

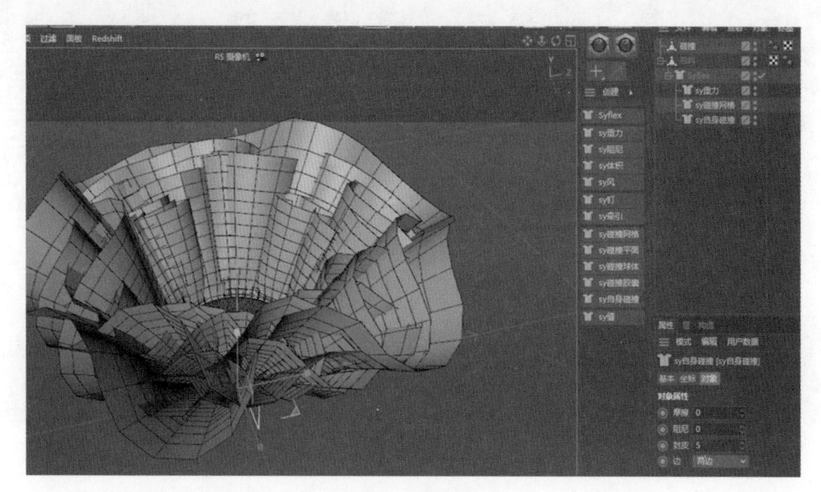

图 4-60

12）效果得到改善。如果还有自交，可以增大封皮值，但封皮值不要太大，否则容易造成间隙过大的情况，如图 4-61、图 4-62 所示。

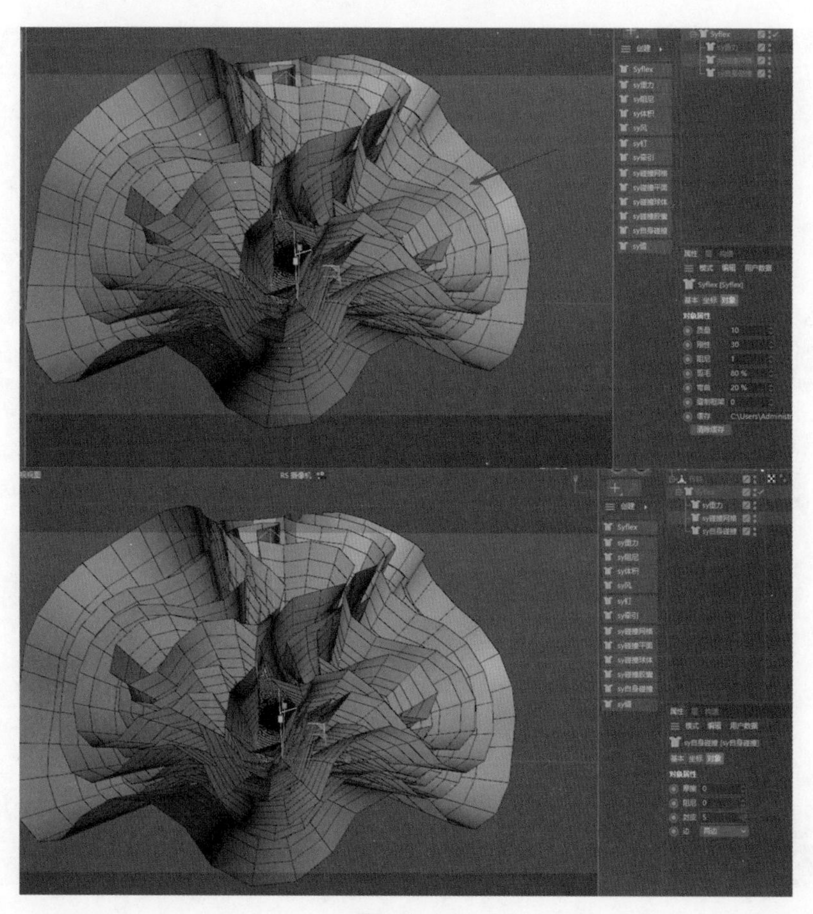

图 4-61

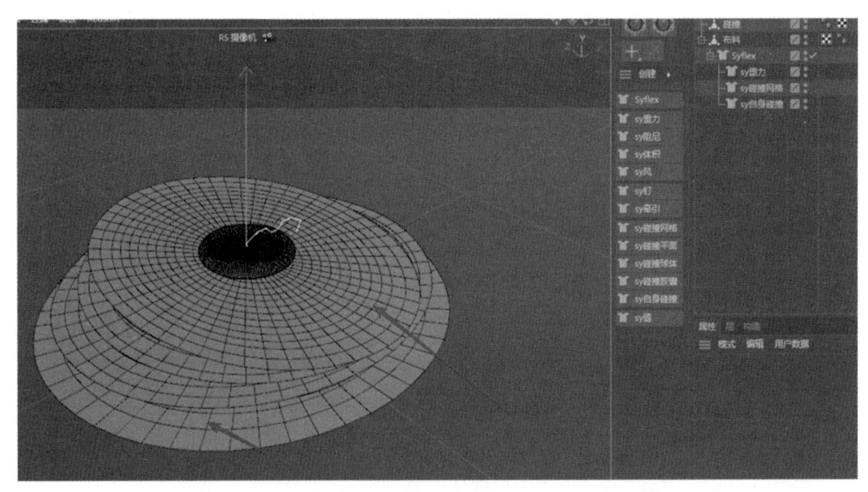

图 4-62

13）模拟完后，可以添加布料标签并设置厚度，添加细分标签并设置细分，注意不要直接用布料的细分，否则容易造成不圆滑的情况，如图 4-63、图 4-64 所示。

14）选好角度，进行打光渲染，如图 4-65 所示。

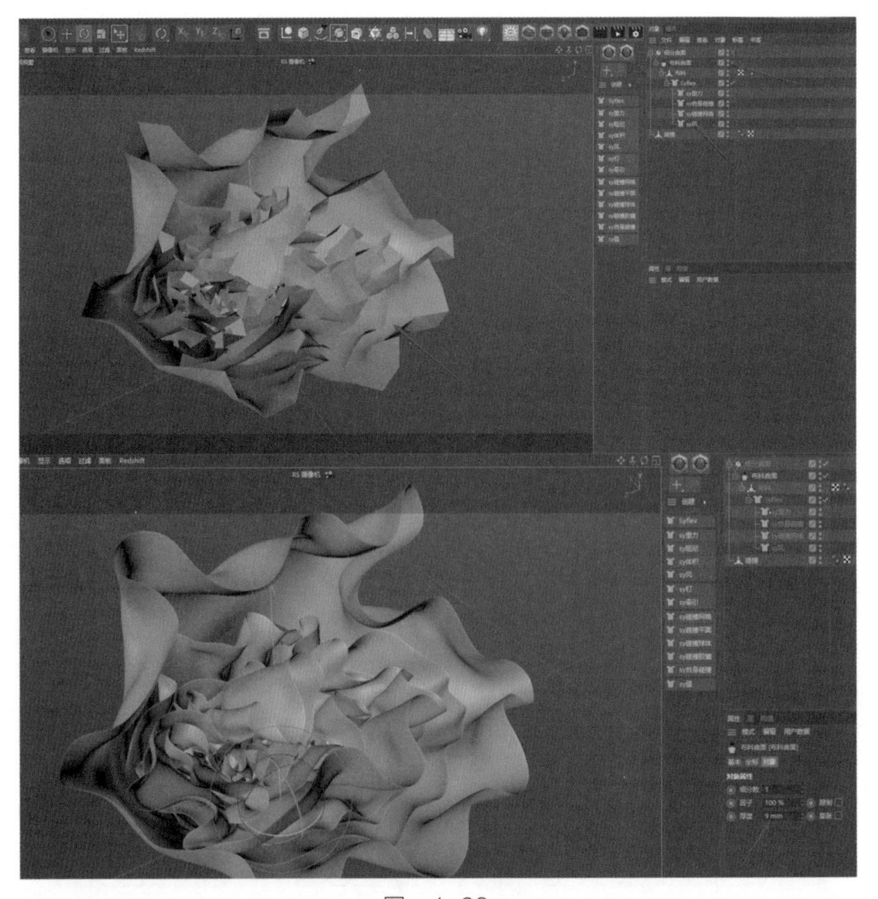

图 4-63

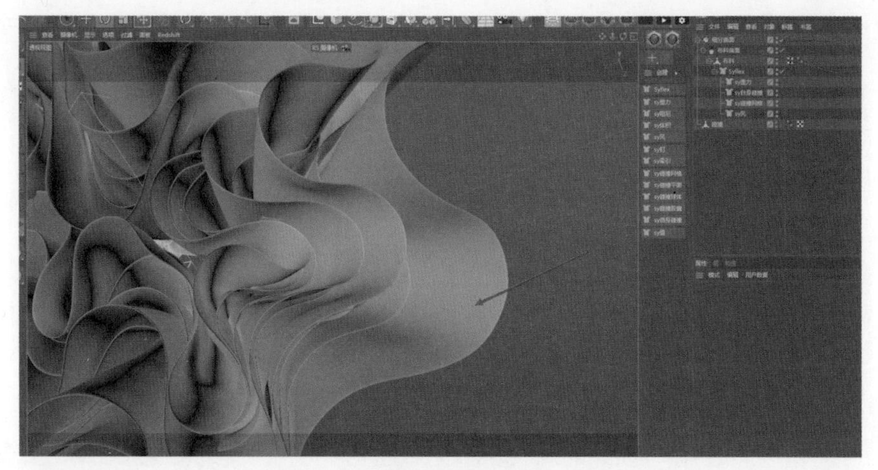

图 4-64

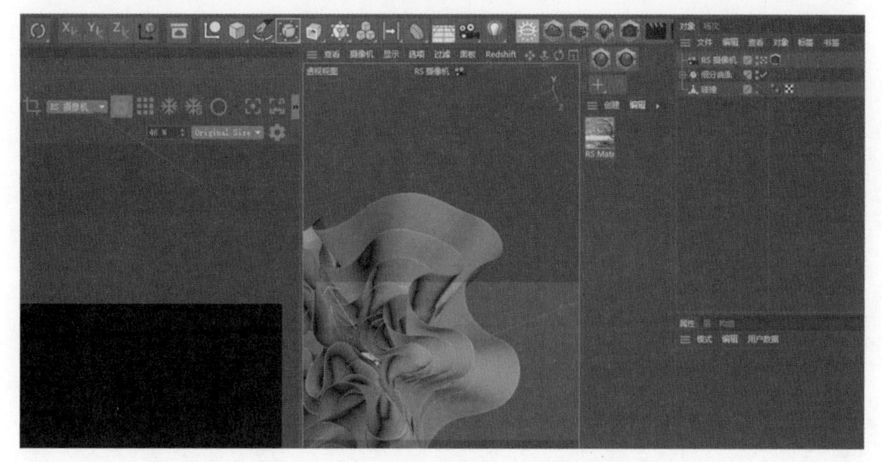

图 4-65

15）添加一个穹灯，把曝光值改为 -1，并把背景颜色改为淡蓝色，如图 4-66 所示。

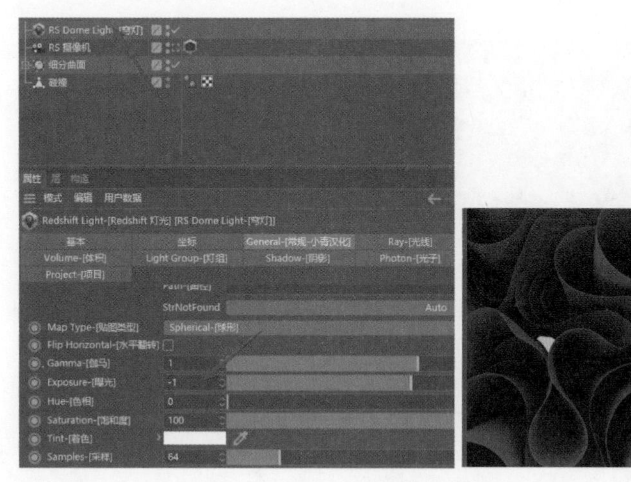

图 4-66

16）加一盏区域光，作为主光源，注意画面的黑白灰层次，如图 4-67 所示。

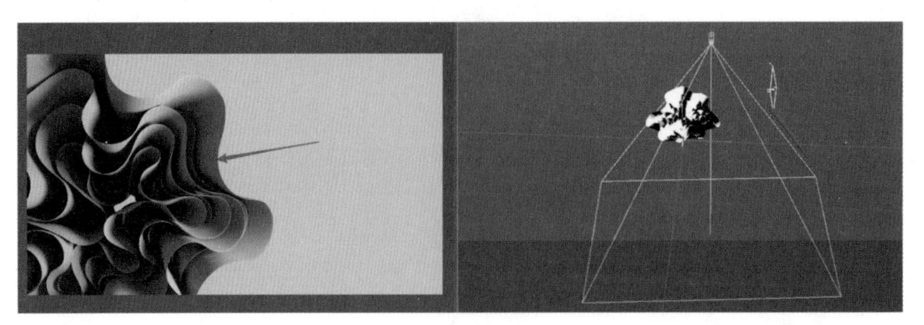

图 4-67

17）添加一个通用材质，把漫反射改为蓝色，并把反射强度关掉，如图 4-68 所示。

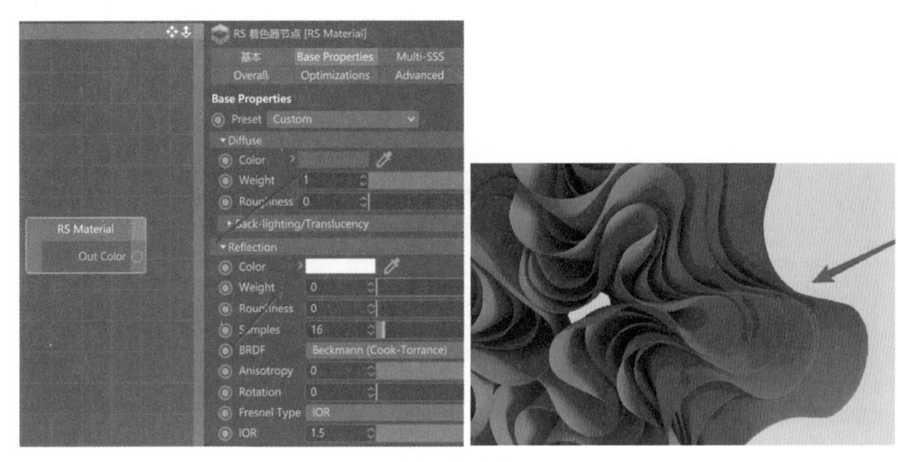

图 4-68

18）添加背光强度，并把背光颜色改为蓝色，使材质呈现透光效果，如图 4-69 所示。

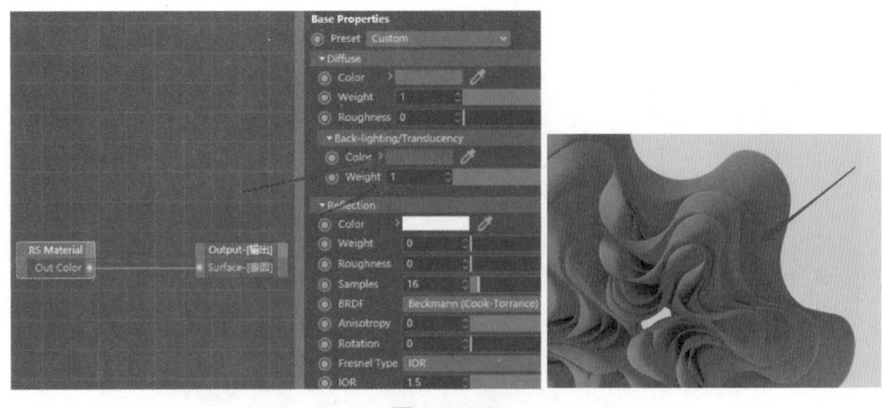

图 4-69

19）添加凹凸，调整角度渲染，如图 4-70 所示。

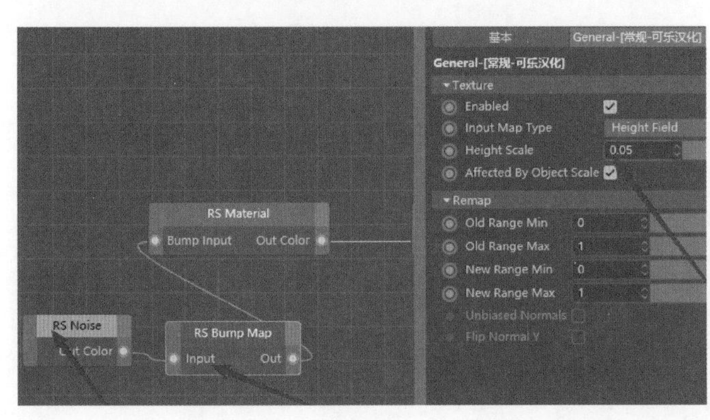

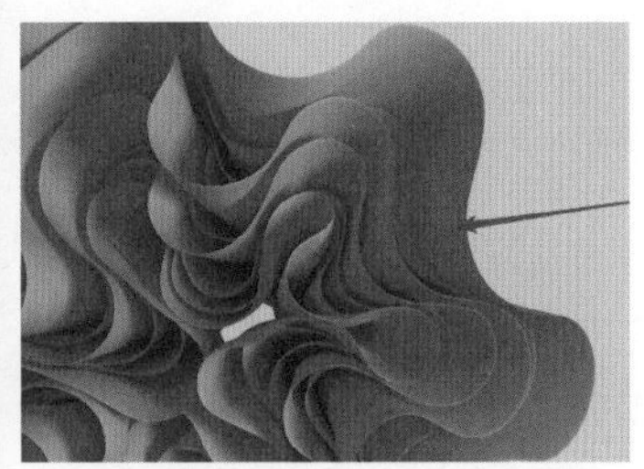

图 4-70

4.5 Cinema 4D 案例：随身听产品渲染

本节以渲染一个随身听为例（见图 4-71、图 4-72），介绍布料材质调节，亚克力材质调节，玻璃材质调节，以及硬塑料打光等方面的知识。通过对本案例的学习，读者可以了解写实材质的制作思路，材质表达技巧，以及灯光的实际运用。

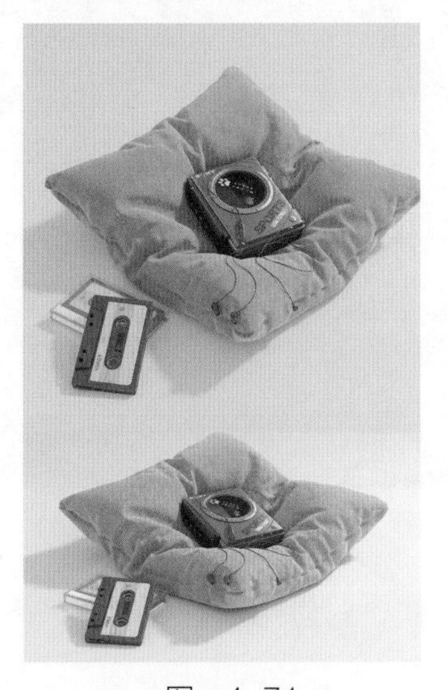

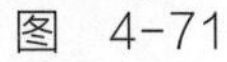

图 4-71　　图 4-72

本案例知识点：硬塑料材质调节、AO 节点的实际运用、菲涅尔对布料材质的影响、Sheen（光泽）参数的讲解、写实玻璃材质的调节。

1）分析布料材质，如图 4-73 所示。

2）产品的主光源打光方法：用一个区域面光源打出产品大的光影关系和明暗对比，打完后发现产品的暗部太暗，如图 4-74 所示。

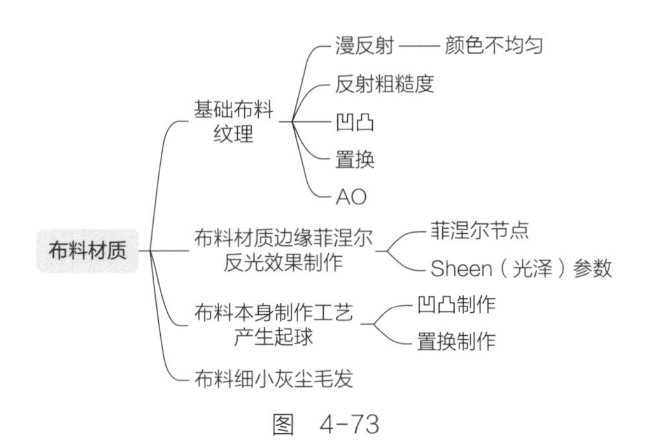

图 4-73

3）添加一盏穹灯，强度调低，如图 4-75、图 4-76 所示。

图 4-74

图 4-75

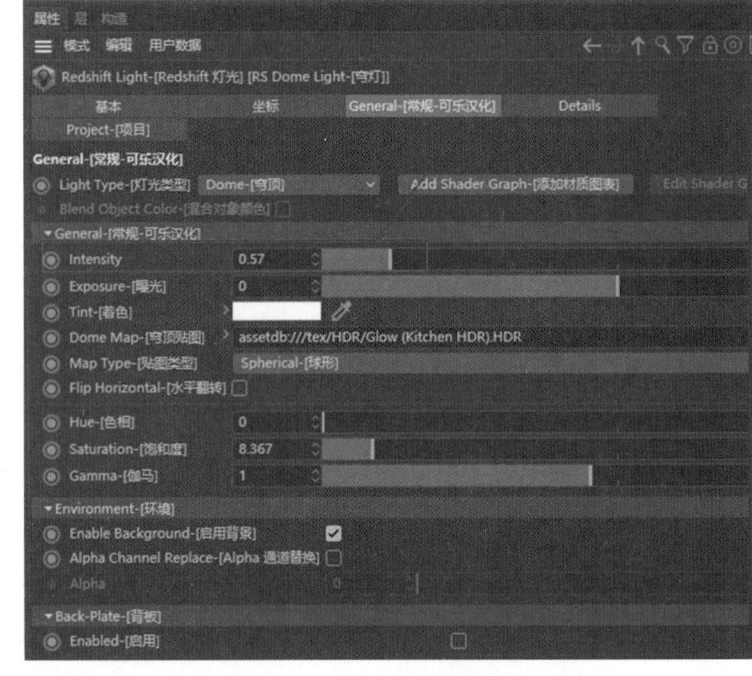

图 4-76

4）对枕头基础材质进行调节：找一套合适的纹理，对应贴上，并观察一下效果，如图 4-77、图 4-78 所示。

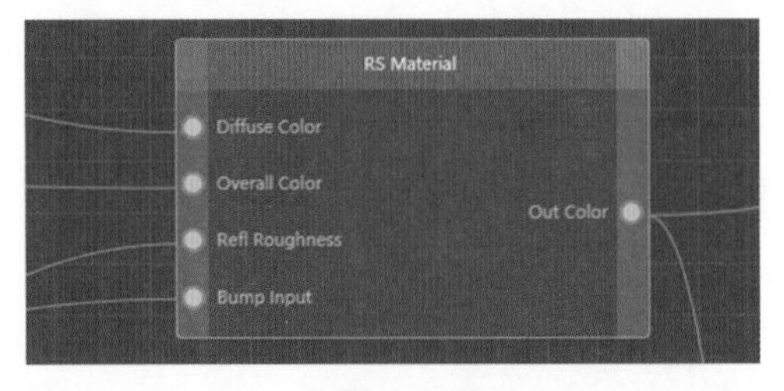

图 4-77

图 4-78

5）通过噪波对颜色进行不均匀调整，如图 4-79 所示。

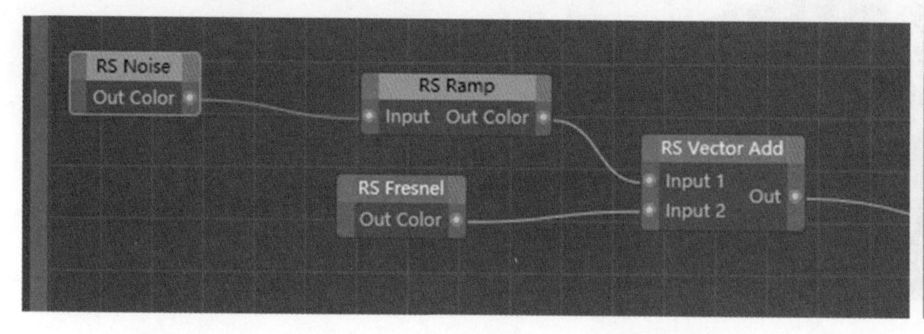

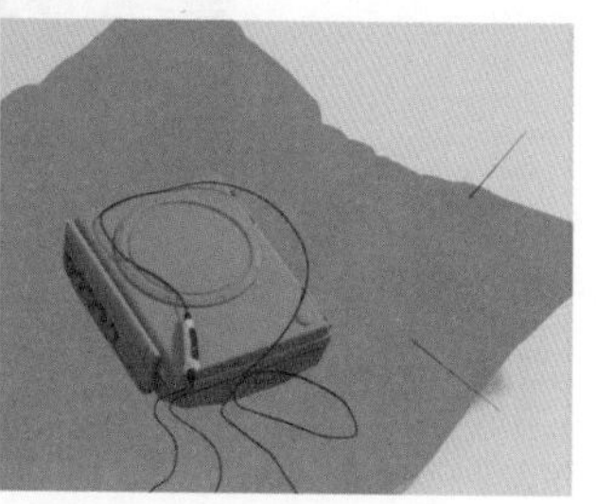

图 4-79

6）调整 Sheen，使布料边缘有反光光泽效果，如图 4-80 所示。

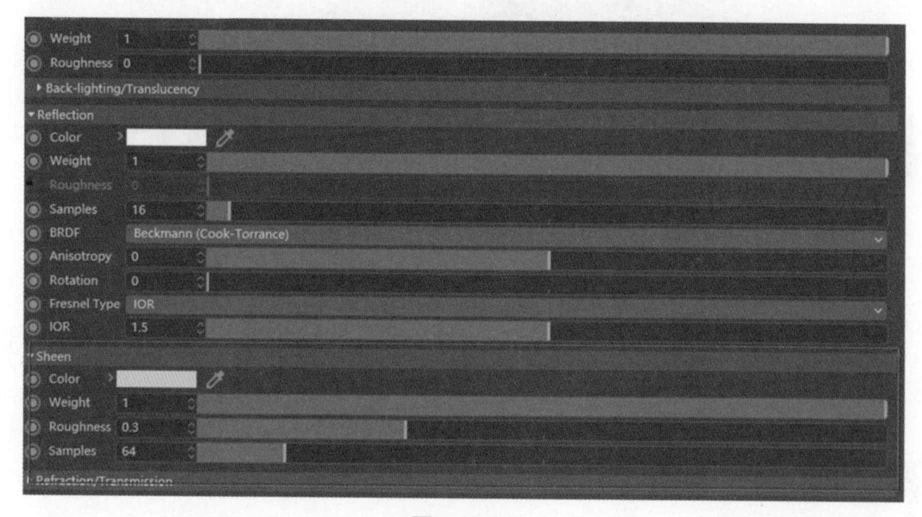

图 4-80

7）调整菲涅尔，加强边缘反光程度，如图 4-81 所示。

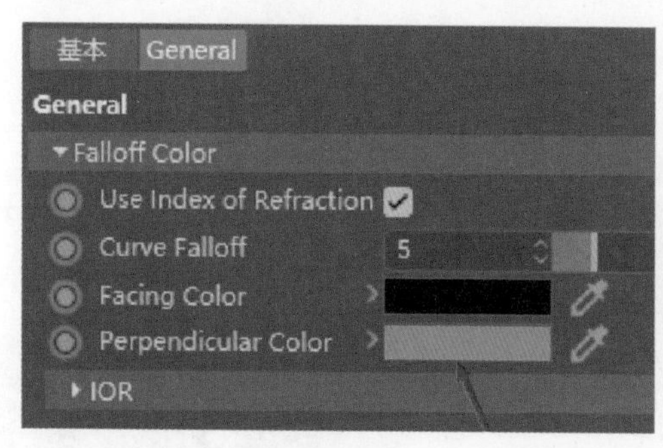

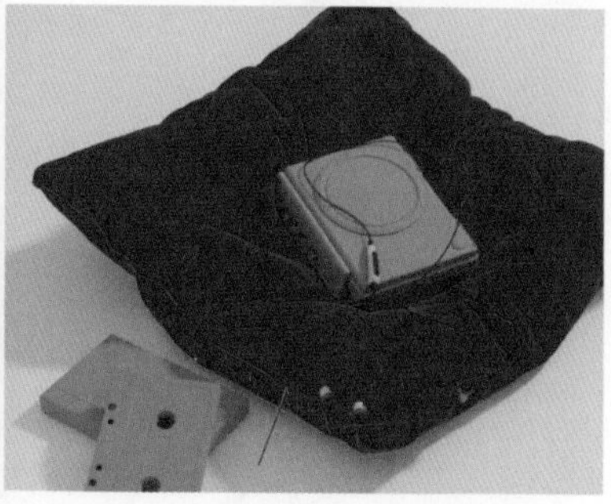

图 4-81

8）调整布料上起球的效果：创建一个新的材质作为起球部分的材质，通过材质混合节点，使用贴图控制起球部位，并添加凹凸和置换，效果如图 4-82 所示。

9）以同样的方式制作毛发，找一张毛发贴图，效果如图 4-83 所示。

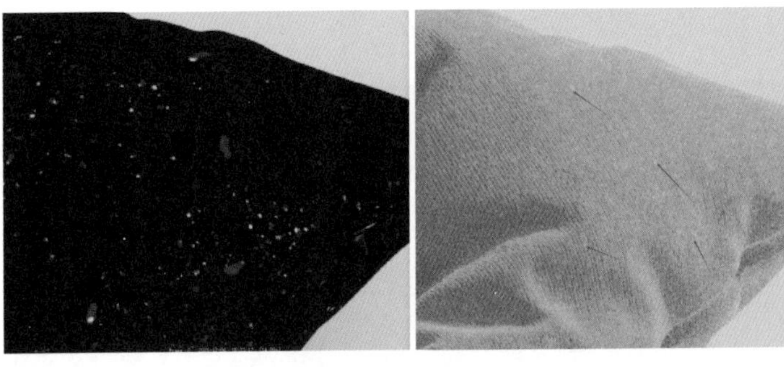

图 4-82

图 4-83

10）观察效果，如图 4-84 所示。

11）调整随身听材质前，先分析材质构成，如图 4-85 所示。

图 4-84

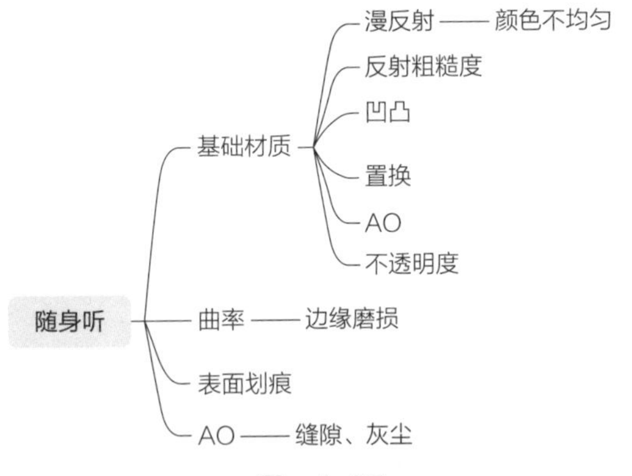

图 4-85

12）添加基础材质，并把表面的噪波凹凸，结合很小的噪波尺寸，这里整体大小调为 2000，表面划痕和表面颜色不均匀都添加上，如图 4-86~图 4-89 所示。

13）通过材质混合做出边缘磨损的效果，如图 4-90、图 4-91 所示。

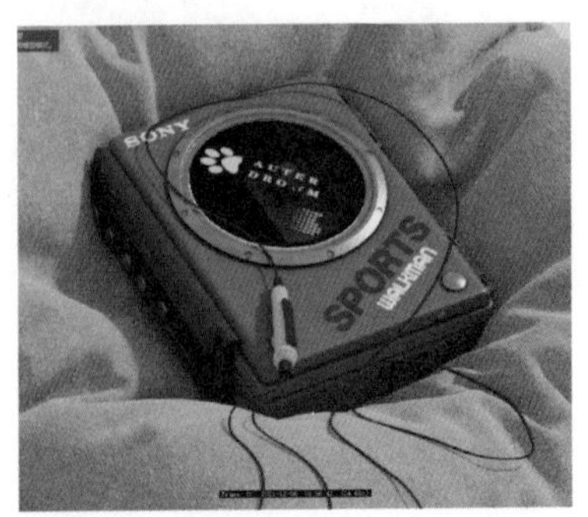

图 4-86

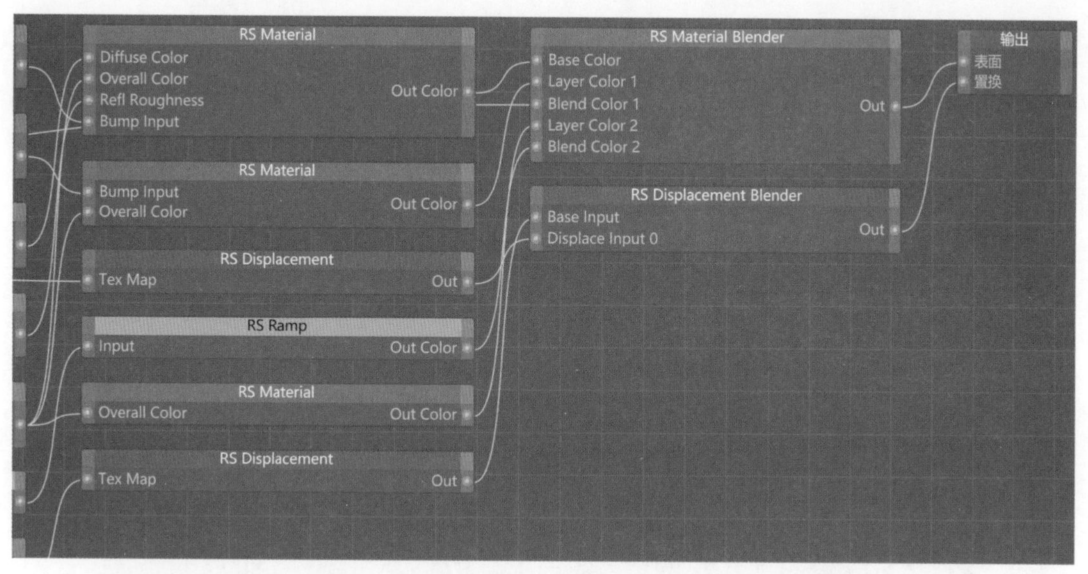

图 4-87

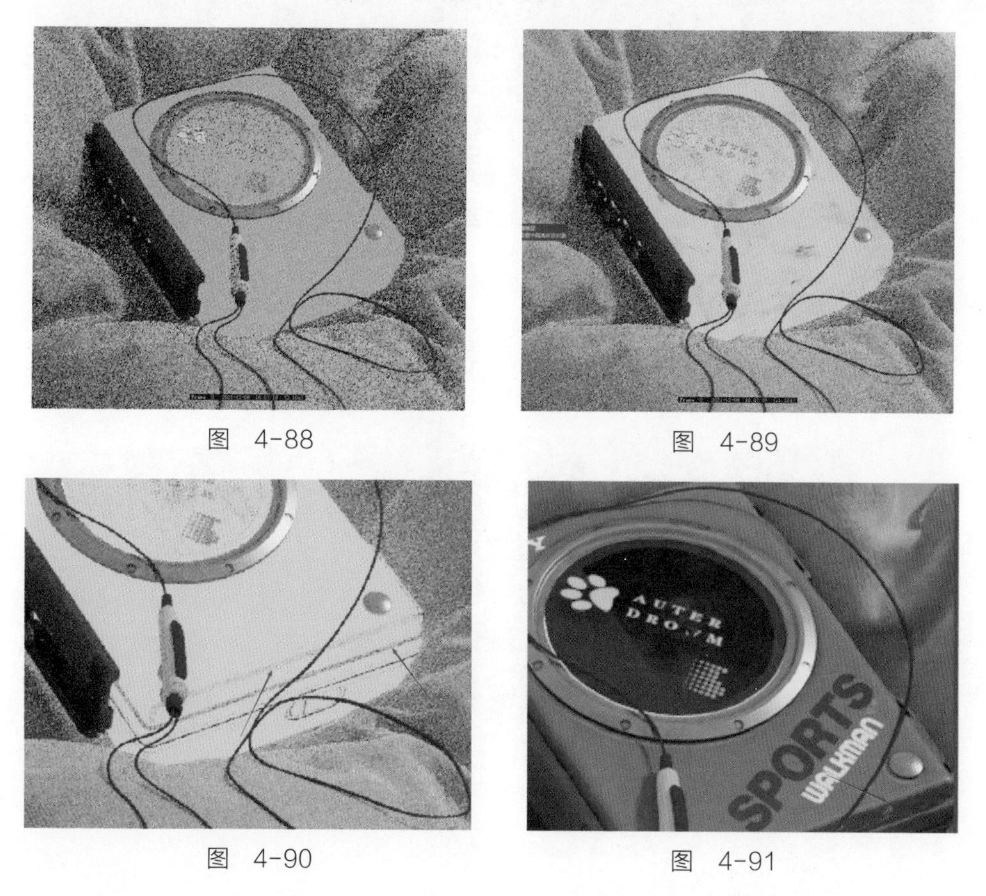

图 4-88　　图 4-89

图 4-90　　图 4-91

14）通过 AO 制作出边缘积灰尘的效果，如图 4-92~ 图 4-94 所示。

15）以同样的方式调节其他材质，完成本案例的制作，如图 4-95 所示。

图 4-92

图 4-93

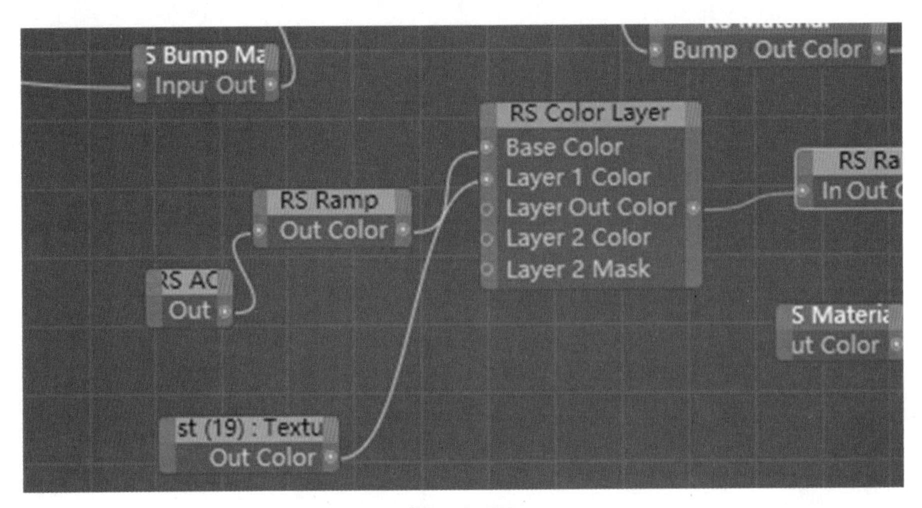

图 4-94

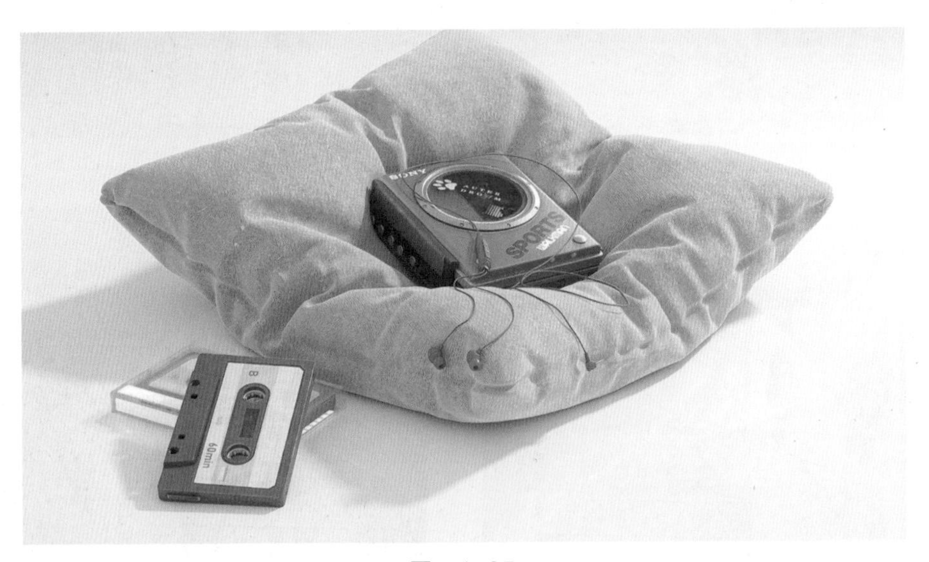

图 4-95